ATLAS VISUALES OCÉANO

FÍSICA

ATLAS VISUALES OCÉANO

FÍSICA

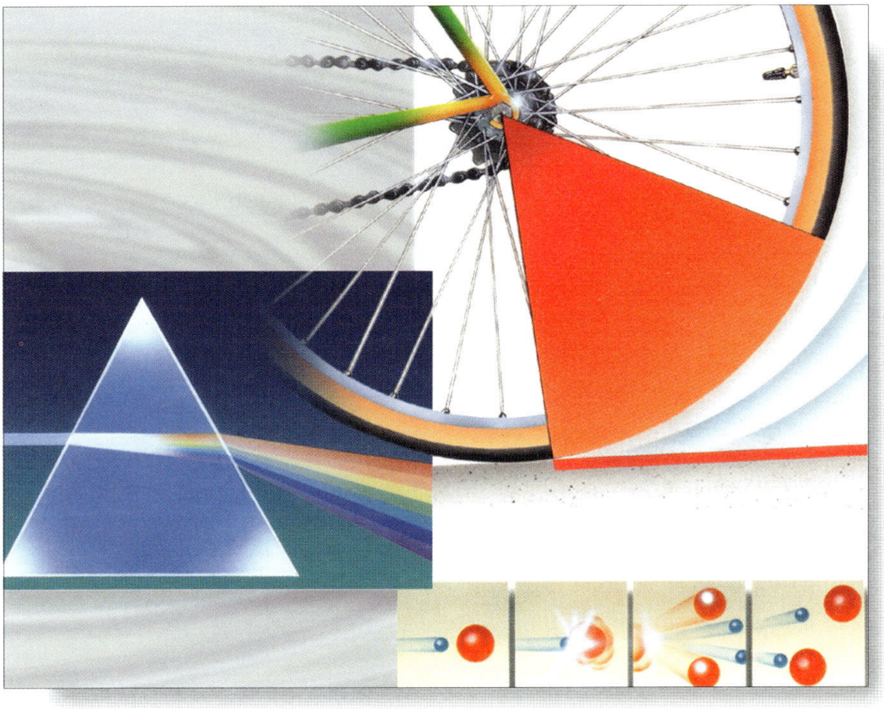

OCEANO

DIRECCIÓN EDITORIAL: Carlos Gispert
DIRECCIÓN DEL PROYECTO: Joaquín Navarro
EDICIÓN: Xavier Ruiz Fernández
DISEÑO INTERIORES: Ton Ribas
DISEÑO CUBIERTAS: Juan Pejoan

EDIFICIO OCEANO • Milanesat, 21-23
08017 Barcelona (España)
Tel. 93 280 20 20* • Fax: 93 280 56 00
http://www.oceano.com • e-mail: info@oceano.com

ISBN: 84-494-1282-X
Depósito Legal: B-1579-99
10263949

Impreso en España / *Printed in Spain*

FÍSICA

Sumario

INTRODUCCIÓN

Al presentar este Atlas de Física pretendemos ofrecer una obra clara y eficaz, de fácil manejo, y cuya consulta permita solventar dudas, ampliar conceptos y dar una visión de conjunto de las leyes y teorías que rigen los fenómenos estudiados por la disciplina. La obra invita al lector a realizar un recorrido histórico por los fundamentos sobre los cuales se asienta la Física. El marcado enfoque pedagógico de este Atlas de Física permite, además, establecer una relación entre la teoría y los fenómenos cotidianos, fácilmente observables en nuestro entorno inmediato.

Aun a pesar del carácter cuantitativo de la Física, los temas tratados han sido elaborados con la premisa de minimizar los cálculos matemáticos para facilitar la inteligibilidad de los contenidos expuestos. Todo ello sin renunciar al rigor formal propio de los enunciados de las leyes que explican los fenómenos naturales. Por otro lado, las ilustraciones que acompañan al texto, sumamente cuidadas en su elaboración, permiten ampliar los conceptos descritos, y ofrecen una visión más detallada de algunos de los aspectos tratados. Así mismo, los epígrafes de las ilustraciones sirven para reforzar una idea expuesta en el desarrollo de los temas tratados. Para ello se han utilizado los ejemplos en los que una ley, una magnitud o un proceso determinado aparecen con mayor claridad, despojados de los elementos superfluos que, a menudo, oscurecen la comprensión.

Este Atlas, en definitiva, pretende ser una guía al servicio de todas aquellas personas que deseen ampliar sus conocimientos y resolver las dudas que les plantee la materia. Es por ello que está pensada tanto para jóvenes en edad escolar, quienes encontrarán en ella una herramienta de ágil manejo y extrema utilidad, como para aquellos que simplemente quieran acercarse a la Física para compartir sus últimos descubrimientos y conocer sus propuestas de futuro.

LOS EDITORES

Magnitudes y unidades

Al iniciar un libro de física general parece obligado comenzar definiendo el objeto de esta ciencia. A menudo nos referimos a la física diciendo que es la ciencia que estudia aquellos fenómenos en los que no cambia la naturaleza de la materia que en ellos interviene. Esta definición no es tan clara y precisa como parece, e incluso es inexacta. Los fenómenos en los que más cambia la naturaleza de la materia y sus propiedades también son objeto de la física: las transmutaciones nucleares.

La etimología de la palabra nos orienta un poco más: las cosas de la naturaleza es el significado de la palabra griega de la que deriva. Pero ¿acaso no es éste el objeto de cualquier ciencia de la naturaleza (biología, geología, química...)? Tal vez lo más exacto fuera decir que la física estudia aquellas cosas de la naturaleza de las cuales no se ocupan específicamente otras ciencias naturales, a las que, además, suministra sus últimas y básicas explicaciones.

Magnitudes físicas

Pero ¿qué es un fenómeno? Intuitivamente sabemos que se ha producido un fenómeno cuando «ha pasado algo», es decir, cuando se ha modificado alguna propiedad. Estas propiedades que se pueden modificar se llaman magnitudes físicas. Pero la física intenta estudiar los fenómenos y sus leyes; para ello se reproducen los fenómenos de manera controlada (en el laboratorio) y se modifica una a una cada magnitud, con el objeto de ver cómo varían los resultados —efectos—. De esta forma se obtienen leyes que permiten hacer predicciones, es decir, conocer *a priori* los resultados ante nuevas situaciones. Esto nos exige intentar cuantificar cada magnitud, expresarla con un valor que permita compararla con otras situaciones, relacionarla con otras magnitudes, en fin calcular. Por decirlo en dos palabras: necesitamos medir.

Y, ¿qué es medir? Medir es comparar una magnitud con otra de la misma especie que nos sirve de unidad. La unidad la podemos elegir de forma totalmente arbitraria. Al comparar una magnitud con la unidad, algunas veces obtenemos un número: una variación de temperatura, un volumen, la masa de un cuerpo, una cierta energía; son las magnitudes escalares. Otras veces, en cambio, esto no es así. El principal de estos casos, y único que trataremos en este libro, es el de aquellas magnitudes de las que deberemos indicar la dirección, el sentido y el punto de aplicación, además de cuántas veces son mayores que la unidad, para caracterizarlas; no basta con decir cuánto nos hemos desplazado, hay que indicar desde y hacia dónde para saber dónde estamos: son las magnitudes vectoriales; aparte del desplazamiento también lo son, entre otras, la velocidad y la fuerza.

Magnitud	*Unidad*	*Símbolo*
TIEMPO	*El* segundo *es la duración de 9 192 631 770 períodos de la radiación correspondiente a la transición entre los dos niveles hiperfinos del estado fundamental del átomo de cesio 133.*	*S*
LONGITUD	*El* metro *es la longitud del trayecto recorrido por la luz en el vacío durante una duración de 1/299 792 458 s.*	*m*
MASA	*El* kilogramo *masa es la masa del prototipo de platino iridiado, sancionado por la III Conferencia General de Pesas y Medidas en 1901 y depositado en el pabellón de Breteuil, de Sévres.*	*kg*
INTESIDAD DE CORRIENTE ELÉCTRICA	*El* ampere *es la intensidad de corriente eléctrica constante que, mantenida en dos conductores paralelos, rectilíneos, de longitud infinita, de sección circular despreciable y colocados en el vacío a una distancia de un metro uno de otro, produce entre estos dos conductores una fuerza igual a $2 \cdot 10^{-7}$ newtons por metro de longitud.*	*A*
TEMPERATURA TERMODINÁMICA	*El* kelvin *es la fracción 1/273,16 de la temperatura termodinámica del punto triple del agua Este mismo nombre y símbolo son utilizados para expresar un intervalo de temperatura que puede también expresarse en grados Celsius °C.*	*K*
INTENSIDAD LUMINOSA	*La* candela *es la intensidad luminosa, en la dirección perpendicular, de una superficie de 1/600 000 metros cuadrados de un cuerpo negro a la temperatura de congelación del platino, bajo la presión de 101 325 pascales.*	*cd*

1

El sistema internacional de unidades (SI) es un sistema MKS, pues las unidades fundamentales de mecánica son el metro, el kilogramo y el segundo. En el sistema cegesimal (CGS) son fundamentales el centímetro, el gramo y el segundo. En el de unidades técnicas terrestres (UT), la fuerza (kilopondio) suple como fundamental a la masa (kg) del SI. Las normas del SI no sólo se refieren a las unidades que se deben usar, sino también a sus nombres y símbolos.

Sistemas de unidades

Hemos dicho que la unidad se puede elegir arbitrariamente. Esto es así

2

Medida de la longitud del meridiano. El metro se estableció a finales del siglo XVIII *como la diezmillonésima parte del cuadrante del meridiano terrestre: así, un meridiano mediría 40 000 km. Posteriormente se definió como la distancia entre dos líneas trazadas en el metro patrón. La definición fue cambiando, hasta llegar a la actual. Todas ellas tienen en común que son definiciones arbitrarias: es una unidad fundamental.*

3

Este atleta es rápido, ha recorrido 100 m en 10,50 s. Si medimos el espacio en metros y el tiempo en segundos, es lógico que expresemos su rapidez mediante los metros que recorre en relación con los segundos que tarda en hacerlo. Así la mediremos en m/s. Es una unidad derivada.

siempre y cuando las medidas sólo las vayamos a usar nosotros. Pero, si pretendemos comunicar nuestros valores, debemos usar unidades lo más comunes posible (fig. 2). Además, en cuanto hayamos elegido ciertas unidades, lo más sencillo, casi obligado, es que otras nos queden fijadas. Si medimos longitudes en metros, lo mejor será medir las superficies en m^2 y los volúmenes en m^3. En física todas las magnitudes están ligadas entre ellas por leyes, y por tanto, por fórmulas. Eligiendo aquéllas de modo adecuado, con sólo seis unidades correctamente combinadas podremos medir cualquier magnitud.

El conjunto formado por estas seis unidades fundamentales y las magnitudes derivadas (fig. 3) que de ellas se pueden obtener, recibe el nombre de sistema de unidades. El principal de ellos, y que debemos usar con preferencia, es el denominado Sistema Internacional (SI), cuyas unidades quedan definidas en el cuadro adjunto (fig. 1). Otros sistemas eligen otras unidades fundamentales —Sistema Cegesimal (CGS)— o, incluso, eligen como fundamental alguna magnitud distinta —Unidades Técnicas o Terrestres (UT)—. Además existen unidades prácticas no sistemáticas: km/h, caloría, atmósfera, etc.

Cinemática

Muchos de los fenómenos que captan nuestra atención, ya desde el inicio de nuestra vida, corresponden a la variación de ciertas magnitudes físicas del entorno: sonido, movimiento, etc. Y precisamente, comenzaremos el desarrollo de la física por la mecánica, que estudia una de estas variaciones: el movimiento.

Las leyes que describen los movimientos y las causas que los provocan o modifican se suelen tratar separadamente. De las primeras se ocupa la cinemática. Las segundas y su relación con los movimientos son objeto de la dinámica.

Movimiento

¿Qué es un movimiento? Cuando un objeto que estaba situado en un determinado lugar en un momento dado, pasado un tiempo se encuentra en otro punto, decimos que se ha movido. Hablamos también de movimiento si una parte de un cuerpo se desplaza con respecto al resto. En muchos casos, y para simplificar, se considera al objeto —el móvil— como un punto material de tamaño nulo y sin partes móviles entre sí.

Para saber si un móvil ha cambiado de lugar hemos de poder reconocer su posición, referirla a algo que consideremos fijo: un sistema de referencia (fig. 4). Pero ¿quién nos asegura que un determinado sistema de referencia está fijo? Todo el mundo sabe que el suelo, una montaña, etc., están fijos. Sin embargo, también sabemos que la Tierra se mueve y, con ella, todo lo que contiene. Así pues, elegiremos un sistema de referencia cualquiera y determinaremos los métodos que permitan relacionar entre sí los resultados obtenidos por distintos observadores situados en diferentes sistemas referenciales.

Tipos de movimientos

Según como sea el camino que recorre el móvil —su trayectoria—, un movimiento será rectilíneo, circular, parabólico, etc. Según el ritmo del cambio de posición y la modificación de dicho ritmo con el tiempo —la ley horaria o ecuación del movimiento—, habrá movimientos uniformes, uniformemente acelerados, armónicos, etc.

Magnitudes cinemáticas

Hay dos magnitudes fundamentales en cinemática: la posición de un móvil y el instante en que éste se encuentra en una determinada posición. La ecuación del movimiento es la expresión matemática que permite saber dónde está el móvil en cada instante.

4
¿Se mueve este niño? ¿Respecto a quién? Respecto a la escalera, sí; respecto a la pared, no.

No debemos confundir la trayectoria con el vector desplazamiento. Si pretendemos estudiar el movimiento entre dos puntos determinados prescindiendo de los demás, consideraremos sólo el desplazamiento, vector que va del punto inicial al final (fig. 5).

En la descripción de un movimiento hay otras magnitudes importantes. Cuando se ha realizado un desplazamiento, nos interesará saber si el móvil

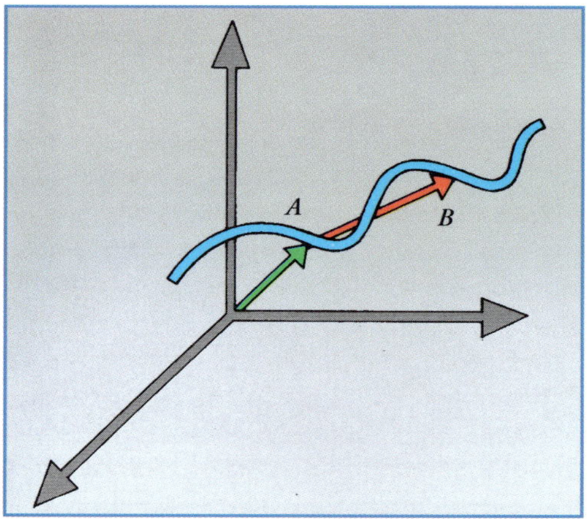

5
En gris, el sistema de referencia; en verde, el vector de posición; en azul, la trayectoria; en rojo, el desplazamiento entre los puntos A y B.

6
Los lenguajes de la calle y de la ciencia pueden no coincidir en el sentido de las palabras. El caminante y el coche tardan lo mismo en ir de A a B. ¿Va más rápido el coche? En ciencia, sólo importan los puntos de partida y de llegada. Ambos han ido igual de deprisa: no coincide la magnitud física con la sensación de rapidez.

ha ido deprisa o despacio. Para saberlo deberemos conocer la velocidad, que medimos a través del cociente entre el desplazamiento y el tiempo empleado, lo cual equivale a decir que la velocidad es el desplazamiento realizado en la unidad de tiempo.

La velocidad así calculada no es más que un promedio y se llama velocidad media. Puede variar según cuál sea el intervalo considerado en un mismo movimiento. Para hallar la velocidad que un móvil lleva en un instante dado —velocidad instantánea— hay que tomar un intervalo de tiempo muy corto alrededor del instante o punto considerado, medir el desplazamiento y calcular la velocidad. Cuanto más corto sea el intervalo que tomemos, más se acercará el valor hallado a la velocidad del móvil en el instante preciso.

Las unidades de la velocidad se deducen de las utilizadas para el espacio y el tiempo, m/s, cm/s, km/h, si bien aún se usan otras, prácticas o tradicionales, como nudo, que corresponde a la velocidad de un barco que recorra una milla náutica en una hora.

Siendo la posición y el desplazamiento magnitudes vectoriales, también lo será la velocidad. Para fijarla se necesita conocer, además de su valor numérico —la rapidez—, la dirección en la que se mueve y el sentido hacia donde se dirige el móvil. El vector velocidad instantánea —o simplemente vector velocidad— es siempre tangente a la trayectoria en el punto considerado.

La rapidez o lentitud con que varía la velocidad también da información sobre el movimiento. La magnitud correspondiente es la aceleración y se mide con el cociente entre la variación de velocidad y el tiempo que tarda en experimentarla. En este caso deberemos distinguir también entre la aceleración media entre dos instantes dados y la aceleración instantánea para un determinado momento. Su unidad en el SI corresponde a una variación de velocidad de 1 m/s en un segundo y se simboliza m/s^2 (m/s/s, m·s^{-2}). Otras unidades son el cm/s^2, km/h/s, etc.

Gráficas

Para tener información rápida sobre un movimiento se usan las representaciones gráficas, no sólo el dibujo de la trayectoria, sino especialmente las que representan una magnitud en función de otra. Son interesantes las gráficas de la posición y de la velocidad en función del tiempo (fig. 7).

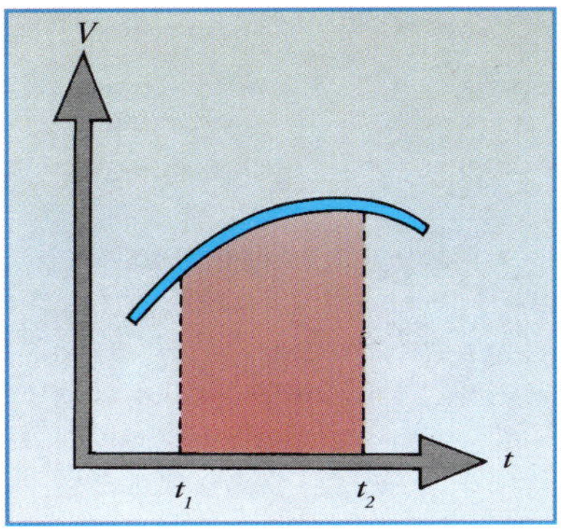

7
Una representación gráfica proporciona mucha información, cualitativa, de un vistazo. La gráfica v-t indica no sólo la velocidad en cada instante —si tiende a aumentar o disminuir, etc.—, sino también cuánto espacio se ha recorrido entre los instantes t^1 y t^2 (área coloreada).

Movimientos rectilíneos

Movimiento rectilíneo es todo aquel cuya trayectoria es recta.

Movimiento rectilíneo y uniforme (m.r.u.)

Llamamos movimiento uniforme a aquel cuya rapidez permanece constante en el tiempo. En un movimiento rectilíneo y uniforme (m.r.u.), el desplazamiento del móvil coincide con la distancia entre los puntos de partida y de llegada, y viene dado por el producto del espacio que recorre en la unidad de tiempo —la velocidad— por el tiempo en cuestión. La posición viene determinada por la distancia (x) a un punto que tomamos como referencia. Para conocer la posición final del móvil, precisamos saber la posición de partida (x_o) y añadirle el espacio recorrido (fig. 8). Así, la ecuación de este movimiento será:

$$x = x_o + v \cdot t$$

donde v es la velocidad y t el tiempo empleado en pasar de un punto a otro.

Movimiento rectilíneo uniformemente acelerado (m.r.u.a.)

Un movimiento es uniformemente acelerado cuando su aceleración es constante a lo largo del tiempo, es decir, aquel movimiento en el que la velocidad cambia uniformemente.

La variación de la velocidad será el producto de la aceleración (a) por el tiempo considerado (t). Para saber la velocidad (v) que lleva en un instante dado, se deberá añadir a esta variación la velocidad (v_o) que llevaba al principio:

$$v = v_o + a \cdot t$$

Al no ser constante la velocidad, no podremos calcular el espacio recorrido multiplicando la velocidad —variable— por el tiempo. Una solución sería utilizar la velocidad media, que, en este caso especial, podría calcularse como la suma de la inicial y la final. Sin embargo, como esta última varía con el tiempo, el método no es útil.

El procedimiento adecuado consiste en corregir el valor obtenido multiplicando la velocidad inicial por el tiempo

8

Este deportista corre desde hace 15 minutos (0,25 h), a 8 km/h. Comenzó su recorrido a 500 metros de su casa y ahora dista de ella 2500 m. Ha recorrido 2 km.

9

La gráfica espacio-tiempo en un m.r.u. es recta, pues el espacio recorrido en un tiempo determinado es proporcional a éste. En cambio, en un m.r.u.a., como la velocidad aumenta uniformemente, el espacio recorrido crece cada vez más deprisa. La gráfica no pasará por el origen si las distancias no se cuentan desde el punto de partida.

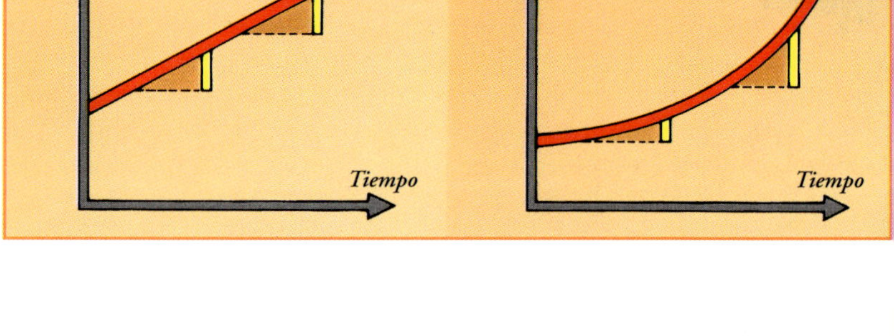

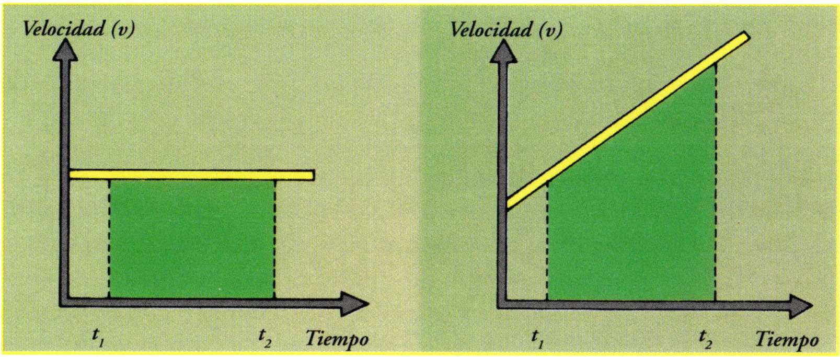

10
La velocidad, tiempo en un m.r.u., no sube ni baja, pues la velocidad es constante. El área coloreada vale base (t = t^2 - t^1) por la altura (v): es el espacio recorrido. En un m.r.u.a. el aumento de la velocidad es proporcional al tiempo. También aquí el área coloreada mide el espacio recorrido. Geométricamente se observa que $x - x_o = v_o \cdot t + a \cdot t^2/2$.

—como si la velocidad fuese constante— y añadir un término que responda de la variación de la velocidad. Es fácil ver, considerando lo dicho para la velocidad media, o mediante el cálculo gráfico (fig. 10), que este término vale $a \cdot t^2/2$. Si consideramos, además, la posición inicial, llegamos a la ley de este movimiento:

$$x = x_o + v_o \cdot t + a \cdot t^2/2$$

Caída libre

Los movimientos anteriores no son más que casos teóricos que, en realidad, sólo se producen en breves intervalos de tiempo o bien de forma aproximada. Así, el movimiento de un rayo de luz se puede considerar un buen ejemplo de movimiento rectilíneo uniforme, pero sólo mientras este rayo se propague en un medio homogéneo y lejos de todo campo gravitatorio.

El ejemplo clásico de movimiento rectilíneo uniformemente acelerado, muy importante en la historia de la física, es el de la caída libre de los cuerpos, el descubrimiento de cuya ley es una de las principales aportaciones de Galileo (fig. 11). Dicho movimiento sólo mantiene aproximadamente constante la aceleración en ausencia del aire y en recorridos no muy grandes (ver *El peso. Gravitación*).

Cuando un cuerpo cae, ve alterado su movimiento por el rozamiento con el aire y, por ello, su caída depende de su forma. En caso de eliminar, o minimizar, la influencia del aire, todos los cuerpos que sean soltados simultáneamente caerán de forma similar y al mismo ritmo: su aceleración será constante. El valor de esta aceleración depende del cuerpo celeste en el cual se esté (la Tierra, la Luna...) y del lugar concreto en éste: aunque la diferencia sea pequeña, este valor no es el mismo en el ecuador terrestre (9,78 m/s^2) que en el polo (9,83 m/s^2).

En la caída de los cuerpos se suele representar la aceleración por *g* y el camino recorrido, por *h*. Si consideramos la velocidad inicial nula, las ecuaciones del movimiento acelerado toman en este caso la forma:

$$h = g \cdot t^2/2$$
$$v = g \cdot t$$

Si entre las dos ecuaciones se elimina el tiempo se obtiene para la velocidad que lleva un cuerpo después de descender una altura *h*, un valor:

$$v = \sqrt{2\,g \cdot h}$$

11
Galileo, para estudiar la caída de los cuerpos, procedió a ralentilizarla en un plano inclinado. La reproducción de su experiencia por Settle, en 1961, siguiendo la descripción galileana, tomó la apariencia de la figura. Para medir los tiempos usó el agua que fluía de la maceta.

Movimientos no rectilíneos

La velocidad es una magnitud vectorial, por lo que el cambio de cualquiera de sus características comporta una modificación de dicha magnitud. Pero ¿cómo variar la velocidad sin ir más deprisa?

Es fácil de imaginar si pensamos en las causas del movimiento: al actuar una fuerza sobre un cuerpo, puede también cambiar de dirección (ver *Dinámica I*).

En un movimiento cuya trayectoria no sea una línea recta, al cambiar la dirección del movimiento, varía el vector velocidad, que es siempre tangente a la trayectoria. La aceleración responsable de esta variación de velocidad es perpendicular —normal— a la trayectoria en el punto considerado. Por ello recibe el nombre de aceleración normal (fig. 12), para diferenciarla, así, de la aceleración responsable del cambio de rapidez, que, por llevar la dirección de la velocidad, denominamos aceleración tangencial (fig. 13).

La aceleración normal (a_n) será mayor cuanto mayor sea la velocidad y cuanto más brusco sea el cambio de dirección, es decir, menor sea el radio de curvatura en el punto considerado:

$$a_n = v^2/r$$

Podremos calcular la aceleración tangencial media dividiendo la variación de la rapidez por el tiempo. Para la aceleración tangencial instantánea (a_t) deberemos buscar el valor al que tiende el cociente anterior cuando hacemos un período de tiempo progresivamente decreciente, concepto que coincide con la derivada de la rapidez con respecto al tiempo:

$$a_t = \frac{dv}{dt}$$

Estas dos aceleraciones no son de tipos diferentes. Puede considerarse que la magnitud vectorial aceleración es producida por una fuerza que en parte causa un cambio de rapidez y en parte un cambio de dirección del movimiento (fig.14), de manera que se cumple la ecuación vectorial:

$$\vec{a} = \vec{a}_t + \vec{a}_n.$$

Los módulos cumplen la expresión:

$$a^2 = a_t^2 + a_n^2$$

Movimiento circular

En el movimiento circular, la trayectoria descrita por el móvil es una circunferencia. Su estudio podría hacerse utilizando los mismos métodos que en los demás movimientos, o también, fijando su posición mediante la longitud del arco recorrido desde el punto de partida.

El móvil real está formado por muchos puntos que recorren el mismo espacio y llevan la misma velocidad cuando se desplazan paralelamente pero, en un giro (fig. 15), los puntos exteriores recorren más espacio en el mismo tiempo que los interiores. Se precisaría, para cada punto del cuerpo, una posición, un desplazamiento, una velocidad. Esta dificultad se soluciona usando, para fijar el desplazamiento, el ángulo formado por los radios correspondientes a las posiciones inicial y final del móvil.

Esta descripción de los movimientos circulares es semejante a la de los rectilíneos, aunque utilizando ángulo (φ) en vez de posición, velocidad angular (ω) por velocidad lineal, y aceleración angular (α) y no acelera-

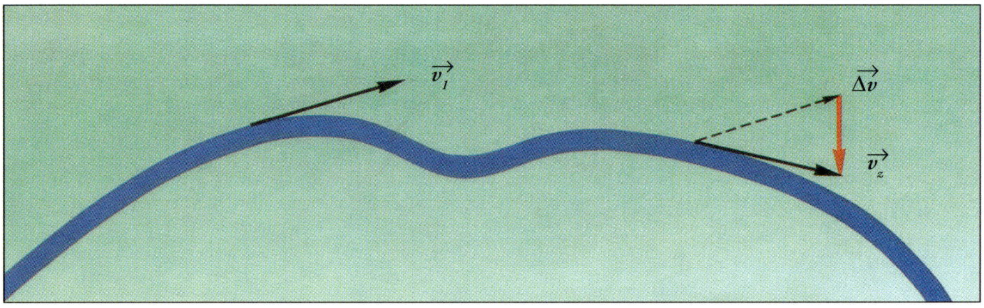

12
En una trayectoria curvilínea, la velocidad varía aunque no cambie su rapidez, con lo que aparece una aceleración en la dirección del cambio.

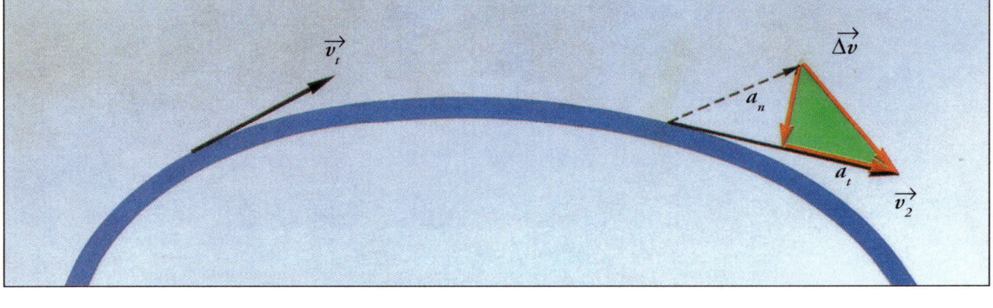

13
Si cambia la rapidez, la aceleración tiene dos componentes: una de ellas es causada por el cambio de dirección (a_n) y la otra por el cambio de rapidez (a_t).

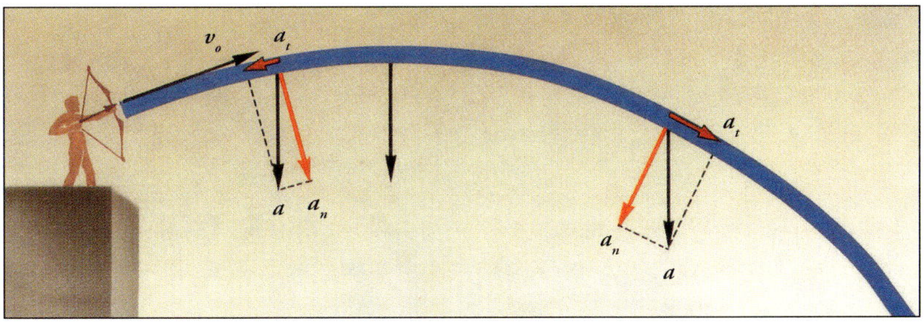

14
Éste es un movimiento uniformemente acelerado. Su aceleración es constante, pero no su distribución entre a_t y a_n.

El alcance máximo (x cuando llega al suelo) y la altura máxima dependen de la posición y del ángulo de elevación.

ción lineal. Para un movimiento circular uniforme, la expresión de la posición angular sería:

$$\varphi = \varphi_o + \omega \cdot t$$

mientras que en un movimiento uniformemente acelerado usaríamos:

$$\varphi = \varphi_o + \omega_o t + \alpha \cdot t^2/2$$

Las unidades en el SI son el radián (fig. 16) para los ángulos, rad/s (o su equivalente s^{-1}) para la velocidad angular y rad/s^2 (s^{-2}) para la aceleración angular. En la vida cotidiana se suelen utilizar las vueltas —revoluciones— por minuto (rpm) y las vueltas por segundo (rps).

Al ser también válida la descripción lineal para los movimientos circulares de un móvil puntual, hay una serie de relaciones entre las magnitudes angulares y lineales. Así, entre la longitud (s) del arco de radio (r) descrito al girar un ángulo (φ):

$$\varphi = \frac{s}{r}$$

y la velocidad (ω) y la aceleración (α) angulares, las relaciones serán:

$$\omega = v/r \quad \alpha = a_t/r$$

No hay que olvidar, además, que en todo movimiento circular existe la aceleración normal, cuya expresión puede ser también:

$$a_t = \omega^2 \cdot r = \frac{v^2}{r}$$

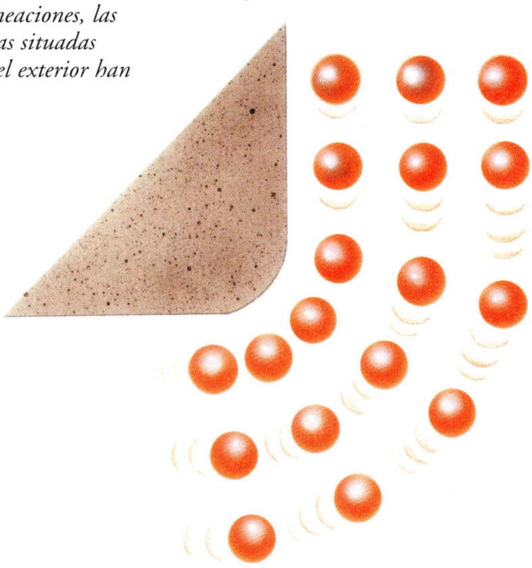

15
Al describir la curva, para mantener las alineaciones, las bolas situadas en el exterior han de ir más deprisa, al haber de cubrir más espacio.

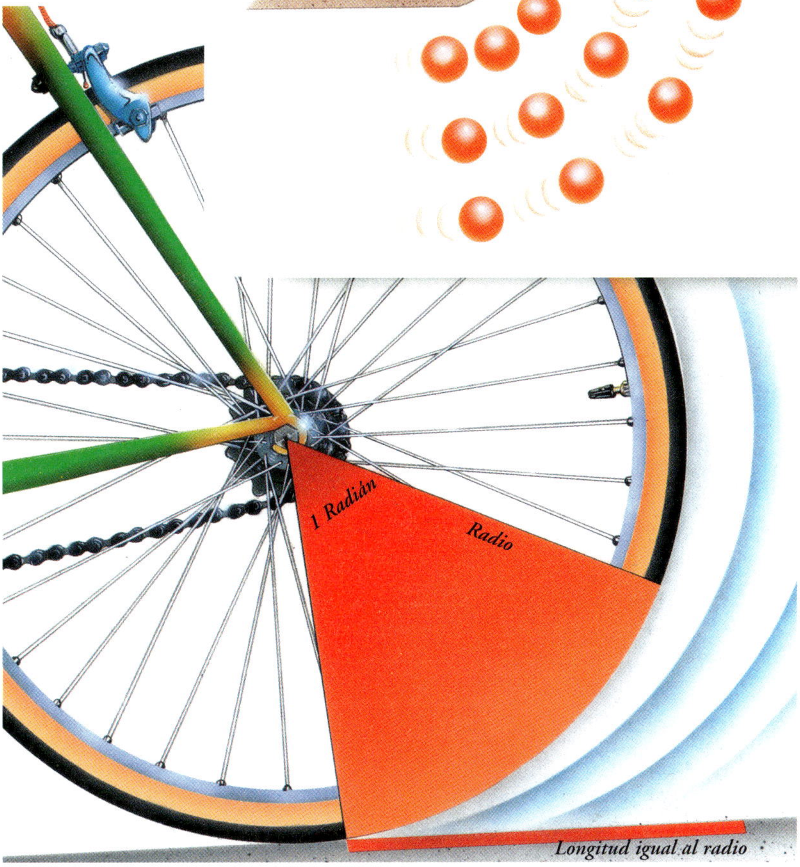

16
En el movimiento circular, cuando se ha descrito un ángulo de un radián, el espacio recorrido por un punto de la periferia equivale a la longitud del radio.

Estática

Fuerzas

Cuando un cuerpo está empujando a otro, o tirando de él, o bien cuando dos cuerpos se atraen o repelen, se están ejerciendo fuerzas. La noción intuitiva de fuerza, que nos da la consideración de nuestro propio esfuerzo muscular, debe ampliarse hasta incluir las fuerzas que se ejercen dos cuerpos a distancia (fuerzas gravitatorias, electrostáticas, magnéticas, fig. 17, o nucleares), aquellas en las que hay contacto entre los cuerpos (empuje, fig. 18, rozamiento) e incluso las que existen entre las diversas partes de un mismo cuerpo (anclaje, cohesión, viscosidad).

La intensidad de una fuerza se puede medir mediante un dinamómetro, aparato que consiste, esencialmente, en un resorte elástico, cuya deformación es proporcional a la fuerza que se ejerce sobre él estirado. Un sistema de registro, unido al extremo móvil del resorte, señala la intensidad de la fuerza aplicada sobre una escala previamente calibrada.

La unidad de fuerza en el SI es el newton (N) y requerirá una posterior definición dinámica. Consideraremos, además, la dina (dyn) y el kilopondio (kp), unidad fundamental, esta última, en el sistema UT y definida como el peso de un kilogramo de masa (kg-patrón) en un lugar con gravedad normal (g = 9,81 m/s^2).

17 *Un imán impulsa a otro a distancia, sin necesidad de tocarlo.*

18 *En el contacto de las manos con el niño se ejerce la fuerza que lo impulsa.*

La fuerza es un buen ejemplo de magnitud vectorial. Para tenerla identificada, además del valor de la intensidad, hay que indicar el punto sobre el cual actúa y la dirección y el sentido en que lo hace. Cuando representamos una fuerza, lo hacemos, pues, mediante un segmento orientado cuya longitud es proporcional a la intensidad y cuyas demás características coinciden con las de la fuerza. Cuando una fuerza actúa sobre un sólido rígido, indeformable, podemos deslizarla sobre su recta de acción sin que se modifique su efecto sobre el cuerpo. La recta de acción es aquella en cuya dirección actúa la fuerza. Dos fuerzas aplicadas sobre un mismo punto con la misma intensidad y dirección y con sentidos contrarios se llaman opuestas. Dos fuerzas opuestas actuando a la vez sobre un mismo cuerpo anulan sus efectos: se equilibran.

Un cuerpo está en equilibrio cuando su estado de reposo o de movimiento rectilíneo y uniforme no varía. Sólo podemos conseguir el equilibrio de un cuerpo si no actúa sobre él ninguna fuerza, o si todas las fuerzas que actúan sobre él contrarrestan sus efectos.

Si sobre un cuerpo actúan dos o más fuerzas nos interesará hallar la fuerza resultante, cuyo efecto sobre el cuerpo sea equivalente a la suma de los efectos de las fuerzas componentes y, por lo tanto, pueda sustituirlas (figs. 19 a 23).

Si dos fuerzas de la misma intensidad son paralelas y tienen sentidos

19 *Fuerzas de la misma dirección y sentido sobre la misma recta de acción suman sus efectos: la resultante tendrá una intensidad que será suma de las intensidades de las fuerzas componentes.*

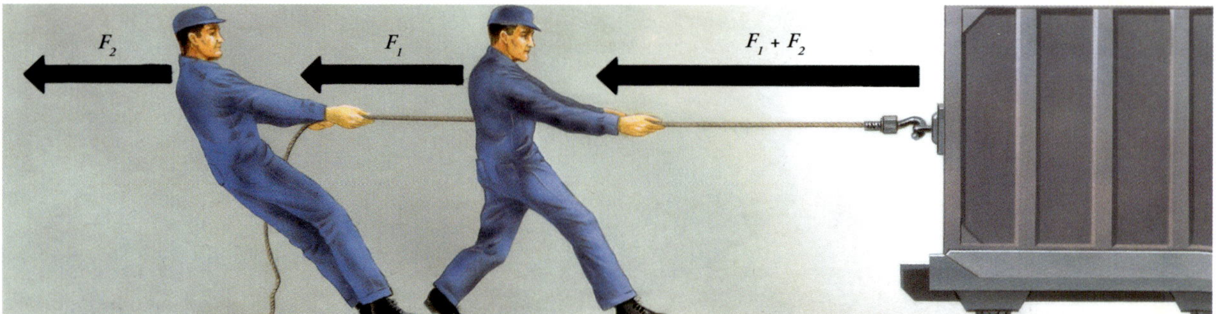

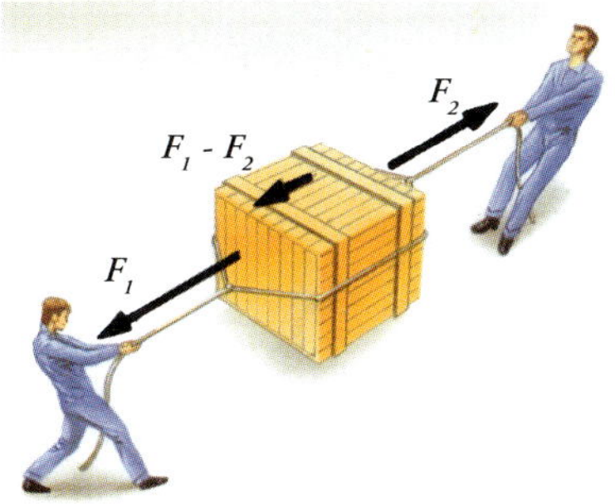

20
Fuerzas de la misma dirección y sentidos opuestos. La intensidad de la resultante será la diferencia de las componentes.

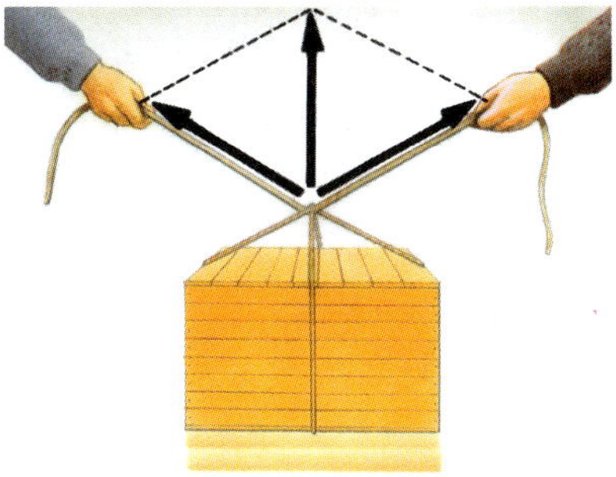

21
Fuerzas concurrentes en direcciones diferentes. La resultante dependerá del ángulo que formen las fuerzas y se podrá determinar utilizando la regla del paralelogramo.

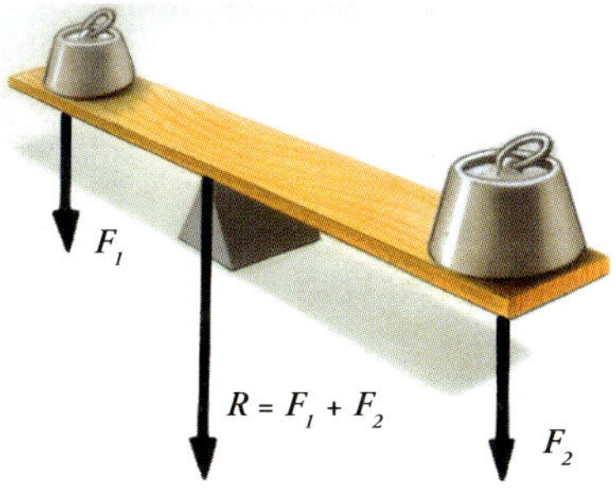

22
La resultante de dos fuerzas paralelas del mismo sentido está entre las dos fuerzas.

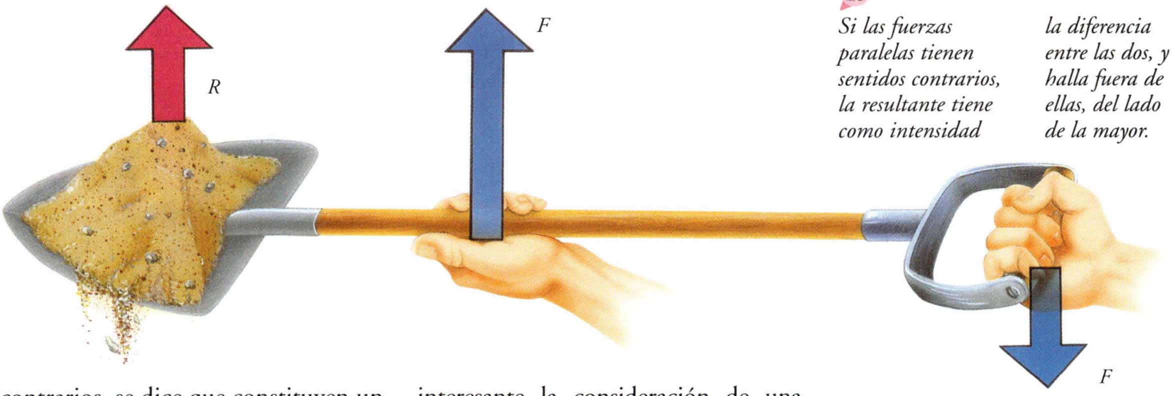

23
Si las fuerzas paralelas tienen sentidos contrarios, la resultante tiene como intensidad la diferencia entre las dos, y se halla fuera de ellas, del lado de la mayor.

contrarios, se dice que constituyen un par de fuerzas. Aunque su resultante sea nula, el cuerpo sobre el cual actúa el par no está en equilibrio (fig. 25).

Momento de una fuerza

Cuando una fuerza puede girar alrededor de un punto o de un eje fijos, es interesante la consideración de una nueva magnitud: el momento de la fuerza aplicada. El momento de una fuerza modifica la rotación del cuerpo. El efecto conseguido depende no sólo de la fuerza, sino también de su distancia al eje, de manera que se puede conseguir el mismo efecto con una fuerza mitad alejándola el doble del eje (fig. 24). Simplificando el esquema para fuerzas perpendiculares al eje de giro, el momento de la fuerza respecto del eje se mide por el producto de la fuerza por la distancia a éste.

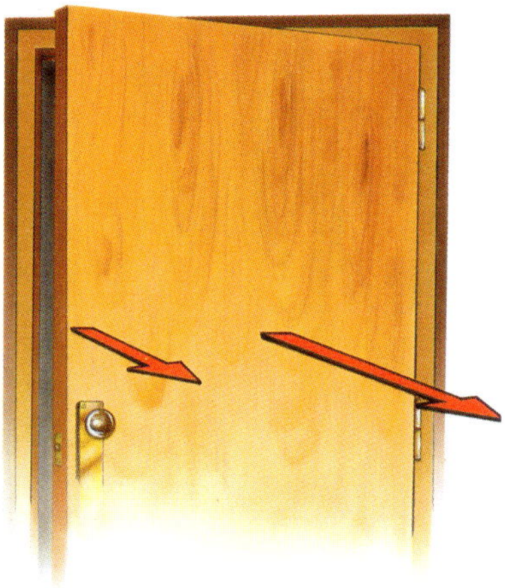

24
Dos fuerzas diferentes aplicadas sobre un mismo cuerpo pueden producir los mismos efectos si están situadas convenientemente. En este caso, los momentos respecto al eje deben ser iguales.

25
Abrir un tapón de rosca implica hacer un par de fuerzas.

Hidrostática

Presión

A veces es importante saber cómo se reparte o se concentra la fuerza ejercida sobre un cuerpo (fig. 26). Esta propiedad, que nos relaciona una fuerza con la superficie sobre la que actúa, recibe el nombre de presión. Se suele medir por el cociente entre la fuerza y la superficie.

La unidad de presión en el SI, el pascal (Pa), es la que, actuando sobre un cuerpo, aplica una fuerza de un newton sobre cada m^2. Otras unidades son la baria (CGS), el kp/m^2 (UT), el milibar (mbar), la atmósfera, el milímetro de mercurio (mmHg)...

26

El repartir la fuerza entre muy poca superficie resulta más eficaz: corta más.

Principio de Pascal

Si actúa una presión sobre un cuerpo sin forma propia —un fluido—, éste intenta eludir la presión, con lo que provoca que ésta se transmita íntegramente a todos sus puntos y en todas las direcciones. Esta propiedad de los fluidos recibe, habitualmente, el nombre de principio de Pascal: Al ejercer una presión sobre un fluido en un recinto cerrado, ésta actúa íntegramente sobre cada punto de la pared, por lo que la fuerza que recibe una cierta superficie será proporcional a ésta.

Así se puede modificar una fuerza, generalmente multiplicarla. Es el caso de las máquinas hidráulicas: frenos, prensa, elevadores (fig. 27), etc. En ellas, dos superficies S_1 y S_2 que reciben fuerzas F_1 y F_2 verificarán:

$$\frac{F_1}{S_1} = \frac{F_2}{S_2} = p$$

donde p es la presión ejercida sobre el fluido: agua, aceite, aire, etc.

Principio fundamental de la hidrostática

En un fluido, en un campo gravitatorio, cada una de sus partes se apoya en las que tiene por debajo. Por ello, cualquier punto está sometido a una presión debida al fluido que se halla por encima. Dos puntos soportan diferente presión según la profundidad a que se hallan. Esta diferencia sólo depende del peso específico (p_e) del fluido y de la diferencia del nivel entre los puntos ($h_2 - h_1$) (fig. 28). En el caso de un líquido —fluido incompresible—, esta diferencia de presión vale:

$$p_2 - p_1 = p_e \cdot (h_2 - h_1) = d \cdot g \cdot (h_2 - h_1)$$

Presión atmosférica

Aunque a menudo no nos fijemos en ello, vivimos sumergidos en un fluido: el aire. El aire también nos somete a una presión, tal y como se ha visto en el principio anterior, aunque no sea aplicable su ecuación al ser el aire compresible y variar su densidad con la altura. Esta presión, responsable, entre otras cosas, de que cueste extraer agua de colonia de botellas muy llenas, fue puesta de manifiesto por Torricelli con su conocida experiencia de la columna de mercurio (fig. 29). También comprobó que esta presión variaba de unos días a otros

27

La presión en ambos émbolos es la misma.
No sucede así con las fuerzas: al ser S mucho menor que S′.
$F = p \cdot S < P' \cdot S' = F'$

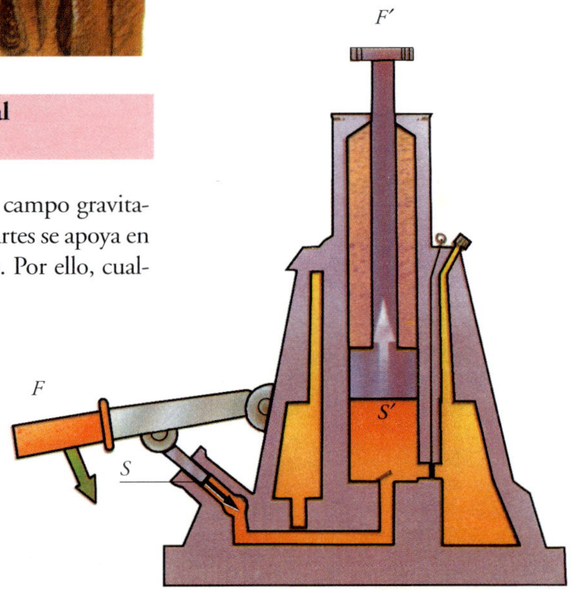

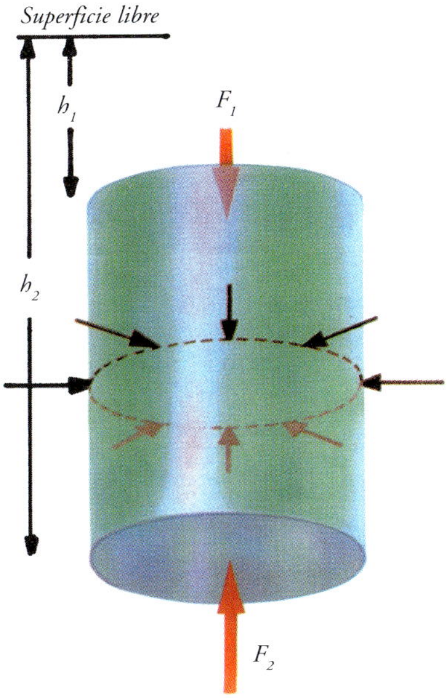

28
Si el líquido está en equilibrio, la suma de las fuerzas que actúan sobre él ha de ser nula. Las laterales, al estar al mismo nivel, se anulan por simetría. La diferencia entre la inferior y la superior ha de ser el peso del líquido: $P = F_2 - F_1 = p_2 \cdot S - p_1 \cdot S$ *Pero el peso vale también* $P = p_e \cdot V = p_e \cdot S \cdot (h_2 - h_1)$ *Igualando ambas expresiones y simplificando:* $P_2 - P_1 = P0(h_2 - h_1)$.

según el estado del tiempo. Posteriormente se vio la importancia de su medida y de los aparatos a ello destinados: los barómetros.

Principio de Arquímedes

Quiere la tradición que, al encargar Hierón, rey de Siracusa, una corona a un joyero, y sospechar un posible fraude, pidió a Arquímedes que averiguara, sin estropear la joya, si el oro era puro o bien una aleación con otros metales. La solución llevó, según la leyenda, al descubrimiento, por parte de Arquímedes, del principio que lleva su nombre: Al sumergir en un fluido un cuerpo, éste recibe de aquél una fuerza hacia arriba —empuje o fuerza ascensional— igual al peso de un volumen de fluido equivalente al del cuerpo.

Si el peso es mayor que el empuje, el cuerpo, al dejarlo libre, baja. En caso de que sea a la inversa, el cuerpo sube.

Esta propiedad de los fluidos, enunciada en el principio, es fundamental en la flotación de los cuerpos (fig. 30), el vuelo de los globos y el tiro de las chimeneas, entre otros ejemplos.

29
Al repetir la experiencia de Torricelli en el Puy de Dôme, el cuñado de Pascal, por encargo de éste, comprobó que al ir subiendo disminuía la presión del aire y, por lo tanto, era inferior a los 760 mm de Hg, presión normal al nivel del mar.

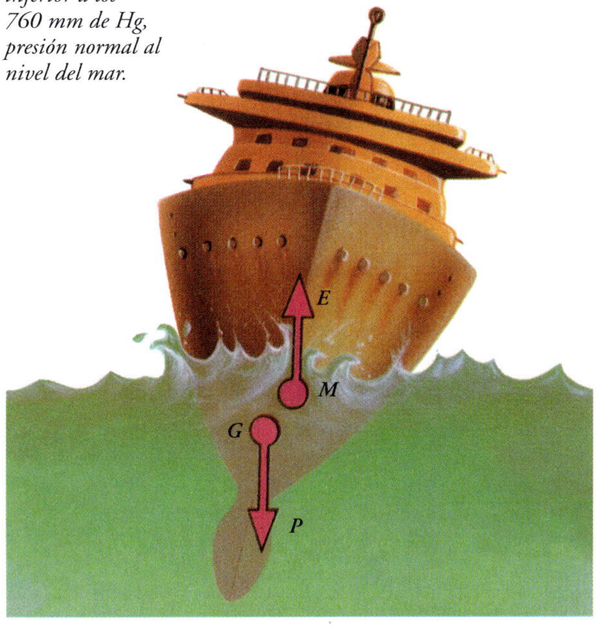

30
Según que el empuje E sea mayor, igual o menor que el peso, el cuerpo subirá, se mantendrá o se hundirá. Si M, punto de aplicación del empuje, queda por debajo de G, el momento del par de fuerzas P y E hace que el barco vuelque.

Todos estos principios que hasta aquí se han enunciado —el de Pascal, el principio fundamental de la hidrostática y el de Arquímedes— han podido ser demostrados con posterioridad a su formulación, por lo que, en propiedad, les correspondería el nombre de leyes, si bien, por razones históricas se conserva su denominación tradicional.

Dinámica (I)

La dinámica estudia la relación que existe entre las fuerzas que actúan sobre un cuerpo y los efectos que producen sobre su movimiento. Los pensadores griegos (siglo IV a. C.) suponían que para que un cuerpo se mantuviera en movimiento rectilíneo y uniforme, debía ser impulsado por una fuerza constante. En caso de que se aumentara la intensidad de dicha fuerza, el cuerpo se movería con mayor rapidez. El movimiento de caída de los cuerpos era también, según ellos, un movimiento con velocidad uniforme, de manera que caería más rápido aquel que más pesase. Suponían así mismo que los astros se movían en el espacio sin que les impulsara ninguna fuerza. Estas aseveraciones, que dan una explicación aparentemente satisfactoria de las causas de los diversos movimientos, fueron aceptadas como válidas durante veinte siglos.

Principio de inercia

En el siglo XVII, Galileo Galilei estudió el movimiento de caída de los cuerpos y comprobó que no era un movimiento uniforme y que cuerpos de pesos distintos tardaban el mismo tiempo en caer desde la misma altura.

Con respecto al movimiento de una bola que corra sin rozamiento sobre un plano horizontal, postuló que no hay ningún motivo que permita considerar que su velocidad aumenta —como sucede cuando desciende por un plano—, ni que disminuye —como cuando asciende por él—. Algunos años después, Isaac Newton enunció el principio de inercia o primera ley de la dinámica, que dice: Cuando un cuerpo está en reposo o describe un movimiento rectilíneo y uniforme, la resultante de las fuerzas que actúan sobre él es nula (fig. 31).

Este efecto es particularmente evidente cuando consideramos un objeto en el espacio exterior, lejos de campos gravitatorios considerables y, evidentemente, sin rozamiento con el aire. Es comprensible así mismo que un cuerpo en reposo sobre una superficie horizontal sea atraído por la Tierra y soportado por la superficie sobre la que descansa: el peso y la resistencia que opone la superficie (que es perpendicular a ella) son dos fuerzas opuestas y, por lo tanto, se anulan.

Sin embargo, muchos fenómenos habituales en la vida cotidiana pueden inducirnos a creer que las leyes de Newton no son válidas y parecen dar la razón a los pensadores griegos: hay cuerpos que mantienen su velocidad constante a pesar de que actúan sobre ellos fuerzas (como sucede con un automóvil, que para correr necesita de un motor). Hay otros cuerpos sobre los que, aparentemente, no actúan fuerzas y, en cambio, varían su velocidad; por ejemplo, cualquier cuerpo que corre acaba parándose si no se le empuja. Si observamos atentamente, nos percataremos de que hemos olvidado algo. Hay que considerar siempre todas las fuerzas que actúan sobre un cuerpo, y no sólo las más evidentes. No nos olvidemos, por ejemplo, de las fuerzas de rozamiento. Un automóvil en movimiento por una carretera horizontal deberá ser impulsado por el motor con una fuerza constante igual al rozamiento, si queremos que conserve su velocidad. Si lanzamos un cuerpo por un plano horizontal, el rozamiento hará que vaya disminuyendo su velocidad hasta que se detenga totalmente.

31

Es imposible dirigir la marcha de un coche que entra repentinamente en una superficie helada, o frenarlo. Su movimiento continuará hasta que choque con algún obstáculo. Si no lo frena ninguna fuerza, sigue con la misma velocidad.

Segunda ley de Newton

Supongamos ahora que disponemos de un cuerpo en reposo sobre una superficie horizontal y que tiramos de él con una fuerza (f) constante y parale-

la al plano. Si bien no podemos prescindir del rozamiento, sí que podemos reducirlo suficientemente para que no sea considerable con respecto a los márgenes de error de esta experiencia. Comprobaremos, así, que el cuerpo se pone en movimiento y que adquiere una aceleración a constante.

Si repetimos la experiencia con otra fuerza (de intensidad doble de la del caso anterior, por ejemplo), comprobaremos que la aceleración con que se mueve ahora es diferente (2a en este caso), de tal manera que podemos enunciar que un cuerpo adquiere una aceleración proporcional a la intensidad de la fuerza con que es impulsado.

El cociente de dividir la fuerza aplicada por la aceleración adquirida es una medida de la inercia del cuerpo y tiene un valor característico que coincide con su masa. La masa inercial (*m*) de un cuerpo indica, pues, la resistencia que éste opone a cambiar de velocidad (fig. 32).

Si repetimos la experiencia aplicando la misma fuerza a cuerpos distintos, comprobaremos que las aceleraciones adquiridas son inversamente proporcionales a las masas de éstos. La segunda ley de Newton, así descrita, queda explicada en la fórmula fundamental de la dinámica:

$$f = m \cdot a.$$

32

Tardaremos más tiempo en alcanzar la misma velocidad, partiendo del reposo y empujando con la misma fuerza, si la vagoneta está llena que si está vacía. La aceleración adquirida es inversamente proporcional a la masa del cuerpo empujado.

La unidad de fuerza en el Sistema Internacional, el newton (N), se define como la fuerza que impulsa a una masa de un kilogramo con una aceleración de un metro por segundo al cuadrado.

La fórmula fundamental de la dinámica es válida aunque actúe más de una fuerza sobre el cuerpo. En todo caso, basta considerar que *f* representa la fuerza resultante.

33

Para disminuir el rozamiento entre dos superficies se utilizan diversos procedimientos: aumentar el pulido, lubricar o hacer que disminuya la fuerza mutua entre los cuerpos en contacto. En la práctica, este sistema es empleado por los aerodeslizadores y, en el laboratorio, por los carriles y las mesas de aire.

Dinámica (continuación)

Tercera ley de Newton

Siempre que observemos que un cuerpo ejerce una fuerza sobre otro podemos constatar que este segundo ejerce una fuerza de igual intensidad y dirección, pero de sentido contrario, sobre el primero (figs. 34 y 35). Algunas veces, a esta tercera ley del movimiento de Newton se la denomina ley de acción y reacción. Veamos algunos ejemplos. Un camión arrastra un remolque con una fuerza de la misma intensidad con la que el remolque tira hacia atrás de él; sin el camión, el remolque parado no avanza, pero sin el remolque, el camión acelera más. Un cuerpo que pese sobre una superficie recibirá de ésta la acción de una fuerza que opone a la de atracción que la Tierra ejerce sobre él. La consideración de esta ley es precisa para descubrir algunas de las fuerzas que actúan sobre un determinado cuerpo: el motor de un automóvil se limita a hacer girar las ruedas; es el rozamiento entre éstas y el suelo lo que hace avanzar el coche. La interacción entre ruedas y suelo empuja a éste hacia atrás y a aquéllas —y con ellas, al coche— hacia adelante. Las dos fuerzas son iguales.

También en las fuerzas a distancia rige la tercera ley: un imán y un clavo se atraen; y también la Tierra y la Luna, o la Tierra y un cuerpo próximo a ella.

Dinámica del movimiento rectilíneo

Si la fuerza resultante que actúa sobre un cuerpo se mantiene siempre en la misma dirección de la velocidad, aunque puedan variar su intensidad y su sentido, conseguiremos un movimiento rectilíneo. Si, además, es una fuerza constante, producirá un movimiento uniformemente acelerado, que será de frenado cuando la fuerza tenga sentido contrario al de la velocidad.

Si la fuerza resultante tiene una dirección que no coincide con la de la

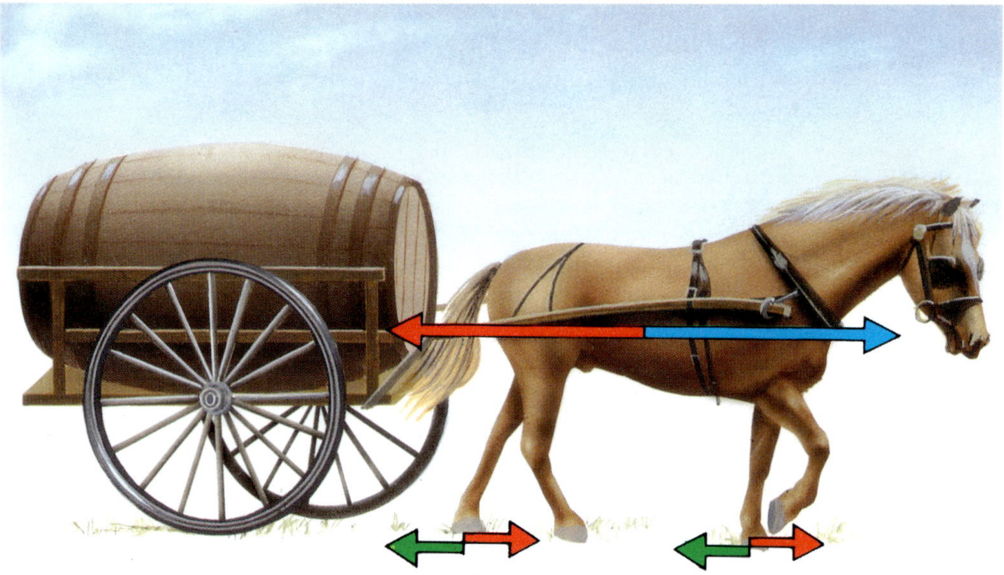

34 ¿Por qué el carro no arrastra al caballo si las fuerzas mutuas son iguales? En el punto de sujeción se mueven al unísono. La fuerza que mueve al conjunto la hacen entre sí el caballo y el suelo.

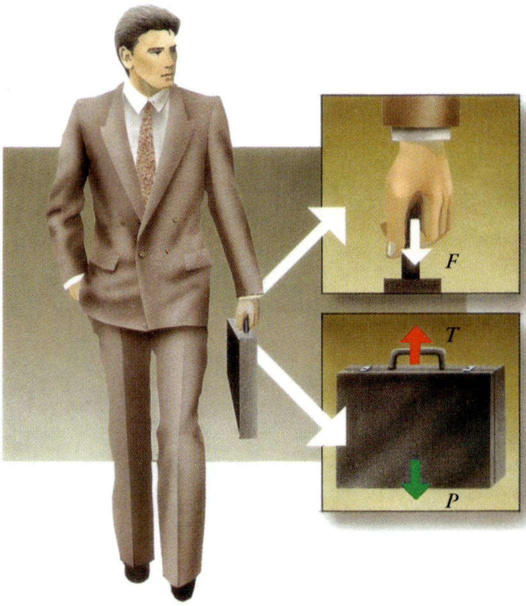

35 *La persona sostiene una maleta. Observamos las fuerzas que actúan sobre cada cuerpo: la maleta pesa (P) y la persona la soporta (T). Son fuerzas opuestas y se anulan: la maleta no se mueve, pero la mano, que hace la fuerza T, nota el peso de la maleta: la fuerza F, igual y de sentido contrario a T.*

velocidad, la trayectoria no será rectilínea. Un caso habitual se da cuando la fuerza se mantiene siempre constante en módulo y en dirección paralela a sí misma. Así se consigue una trayectoria parabólica. Éste es el caso del movimiento de los cuerpos sometidos a la acción de la gravedad y con una velocidad inicial que no sea vertical (fig. 36).

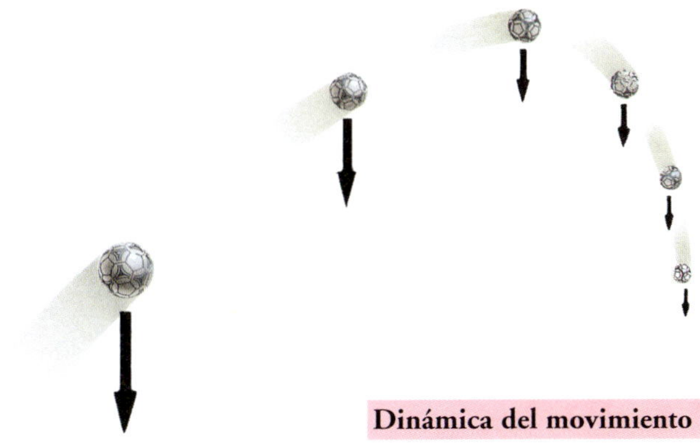

36
El movimiento de un balón de fútbol lanzado sin efecto es, si prescindimos del rozamiento, una parábola de eje vertical.
Una vez lanzado el balón, la única fuerza que actúa sobre él es su peso.

37
¿Por qué no se cae? Consideremos las fuerzas: la que hace la vía (F), sumada al peso (P) del vagón, le ayuda a describir la trayectoria prevista. Cuanto mayor sea la velocidad del tren, mayor será la fuerza que deba hacer la vía. Sólo si disminuye su velocidad el movimiento puede ser peligroso y no llegar a describir el «rizo de la muerte».

Dinámica del movimiento circular

Si conseguimos mantener una fuerza constante en módulo, continuamente perpendicular a la dirección del movimiento, no variaremos el valor de la velocidad sino que comunicaremos al cuerpo un movimiento circular uniforme. Así, en una primera aproximación —las trayectorias no son exactamente circulares—, la fuerza de atracción constante del Sol sobre un planeta permite que éste, sin variar su velocidad, describa su órbita. Sin la existencia de dicha fuerza, el movimiento del planeta sería rectilíneo y uniforme, y se alejaría.

Esta fuerza que, al actuar perpendicularmente a la trayectoria descrita por una masa m con una velocidad v, hace que describa una circunferencia de radio r, recibe la denominación de fuerza centrípeta y tiene un valor de $m \cdot v^2/r$ (fig. 37).

Dinámica (continuación)

Sistemas no inerciales

No todos los puntos de vista desde los que observamos diversos fenómenos mecánicos parecen ser igualmente válidos ni dan la sensación de producir los mismos resultados. Si un observador fijo en el suelo considera un suceso que acontece en una escalera mecánica o en un tren en movimiento uniforme sobre una vía recta, hallará las mismas fuerzas con las mismas características que si subiera con la escalera o se encontrase en reposo dentro del tren. Sin embargo, si el observador estuviera en un sistema acelerado, las respuestas no serían las mismas. Consideremos los casos más habituales: un autobús que varía su velocidad o un coche que describe una curva. Una persona que viaja —de pie, para mayor evidencia— en un autobús que frena —aceleración hacia atrás—, se siente impulsada hacia adelante. ¿Quién realiza esta fuerza? Para un observador en la calle no existe tal fuerza: la masa inercial de la persona se resiste a variar la velocidad que lleva (principio de inercia) e intenta proseguir su movimiento rectilíneo y uniforme, mientras el sistema en el que se encuentra frena. Para la persona en el autobús, en cambio, la fuerza existe: si pretendemos que las leyes de Newton sean consideradas como válidas dentro del autobús, deberemos considerar la existencia de esta ficticia fuerza de inercia sobre todos los cuerpos que se mueven con el sistema acelerado y en sentido contrario a la aceleración real. Cuando el autobús vuelva a arrancar, la persona será impulsada hacia atrás.

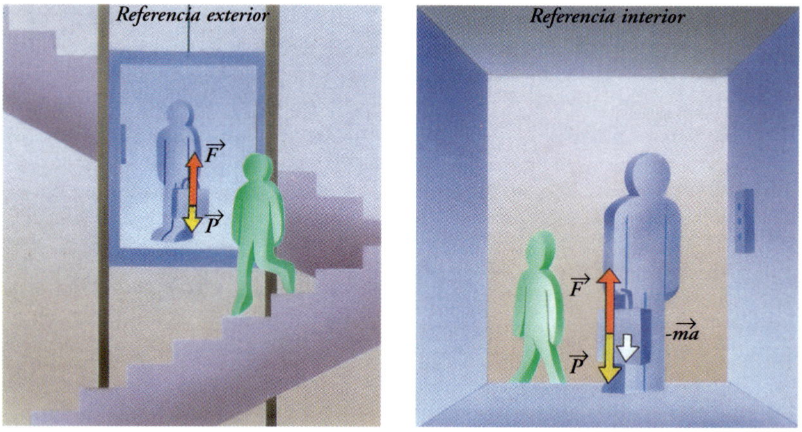

38
En un ascensor con aceleración vertical hacia arriba, el peso de la maleta parece aumentar para la persona que la sostiene.

Si un automóvil describe una curva, el viajero se siente impulsado hacia afuera. Esta fuerza centrífuga sólo existe para el viajero. Desde el exterior, éste seguiría rectilíneamente, pero el sistema gira y le obliga a girar, empujándolo hacia el centro de la curva (figs. 38 y 39).

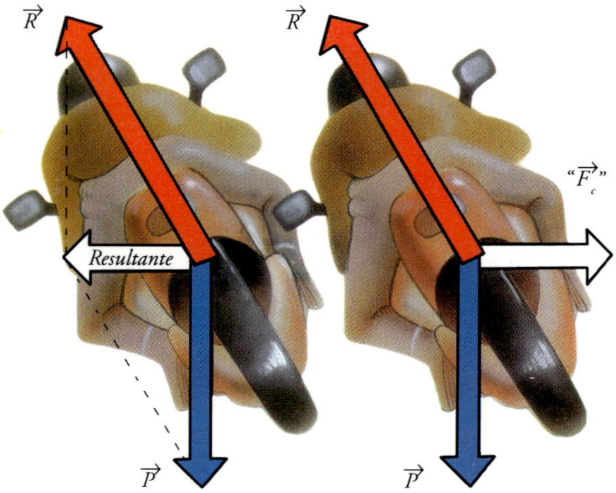

39
¿Por qué se inclina? El peso $\vec{P}$ y la resistencia del suelo $\vec{R}$ tienen como resultante una fuerza hacia el centro (centrípeta). Debe inclinarse para seguir la curva. Según el motorista, para mantener el equilibrio —seguir la curva y no salirse— existe una fuerza hacia el exterior —fuerza centrífuga— que hay que anular inclinándose: si no lo logra es proyectado hacia el exterior.

Impulso mecánico y cantidad de movimiento

Si consideramos los conceptos que a continuación se definen, aparece una nueva forma de abordar los problemas dinámicos.

Una fuerza $\vec{f}$ que actúa sobre un cuerpo durante un tiempo t, le comunica un impulso mecánico $\vec{J}$ igual al producto de la fuerza por el tiempo $\vec{J} = \vec{f} \cdot t$. Sus unidades serán N · s (una fuerza de 1N actuando durante 1 segundo), *dyn · s* o *kp · s*.

La *cantidad de movimiento* o *momento lineal* de un cuerpo se define como el producto de la masa *m* por la

40
Una bola de billar, al chocar con la banda, recibe de ésta un impulso $\vec{J}$ *que le hace variar su velocidad.*
Si no hay pérdidas por rozamiento, sólo cambia su dirección.

41
Los impulsos que se comunican a un cohete en vuelo proceden del propio sistema.
El mecanismo consiste en expulsar los gases generados en una reacción en la dirección adecuada y proporcionar la variación de la cantidad de movimiento requerida. En la figura se produciría un giro de la nave en sentido contrario a los chorros.

velocidad $\vec{v}$ ($\vec{p} = m \cdot \vec{v}$). Su unidad en el SI es el kg·m/s. Si consideramos que 1N = 1 kg·m/s^2, podremos comprobar que las unidades de ambas magnitudes coinciden.

Si un cuerpo recibe un impulso $\vec{J}$, su cantidad de movimiento variará de forma que:

$$\vec{J} = \vec{p}_2 - \vec{p}_1$$

donde $\vec{p}_1$ y $\vec{p}_2$ corresponden respectivamente a antes y después del impulso (fig. 40). Así, si consideramos un cuerpo aislado, que no sufre ningún impulso, convendremos que no se modificará su cantidad de movimiento, lo cual viene a constituir una nueva forma de considerar la ley de la inercia.

Estas consideraciones son igualmente válidas para un sistema con varios cuerpos, sus diversas cantidades de movimiento y el impulso total que recibe el sistema. Si éste está aislado del exterior (fig. 41), la cantidad de movimiento total, que será la suma vectorial de las de cada uno de los cuerpos del sistema, permanecerá constante. Así sucede en el choque de dos cuerpos, el movimiento de los cohetes o el disparo de un proyectil por un arma. En este último caso, podemos calcular la velocidad V de retroceso de un arma de masa M que dispara un proyectil de masa m con una velocidad v por medio de la expresión:

$$V = \frac{m}{M} v$$

El peso. Gravitación

La fuerza a la que más habituados estamos es la atracción que la Tierra ejerce sobre los cuerpos situados en su superficie o en sus proximidades. Esta fuerza, dirigida hacia el centro de la Tierra (su dirección determina la vertical), se ejerce también entre todo par de cuerpos del Universo.

La ley de gravitación universal, enunciada por Isaac Newton, indica que dos cuerpos cualesquiera se atraen con una fuerza (f) proporcional a cada una de sus masas ($m\ m'$) e inversamente proporcional a la distancia que los separa (d), según la expresión:

$$F = G\,\frac{m \cdot m'}{d^2}$$

en donde G es una constante universal que, en el SI, tiene un valor de $6{,}67 \cdot 10^{-11}\,N \cdot m^2/kg^2$. Si observamos el valor de G entendemos por qué las fuerzas de gravitación tienen un valor despreciable, a menos que uno de los cuerpos tenga dimensiones astronómicas.

Los cuerpos no pueden, en general, considerarse como un punto. Y una fuerza debe aplicarse en uno. El punto de aplicación de la fuerza de gravedad recibe el nombre de centro de gravedad, y su posición depende de cómo está distribuida la masa del cuerpo. En todo cuerpo extenso está sobre sus elementos de simetría. En uno esférico lo estará en el centro de la esfera. Para los efectos

42 *Las imágenes de un astronauta en órbita parecen mostrarlo en reposo. En realidad, el astronauta y la cámara que registra la escena siguen la misma trayectoria circular.*

43 *El peso de un mismo cuerpo será diferente según el astro en donde se encuentre.*

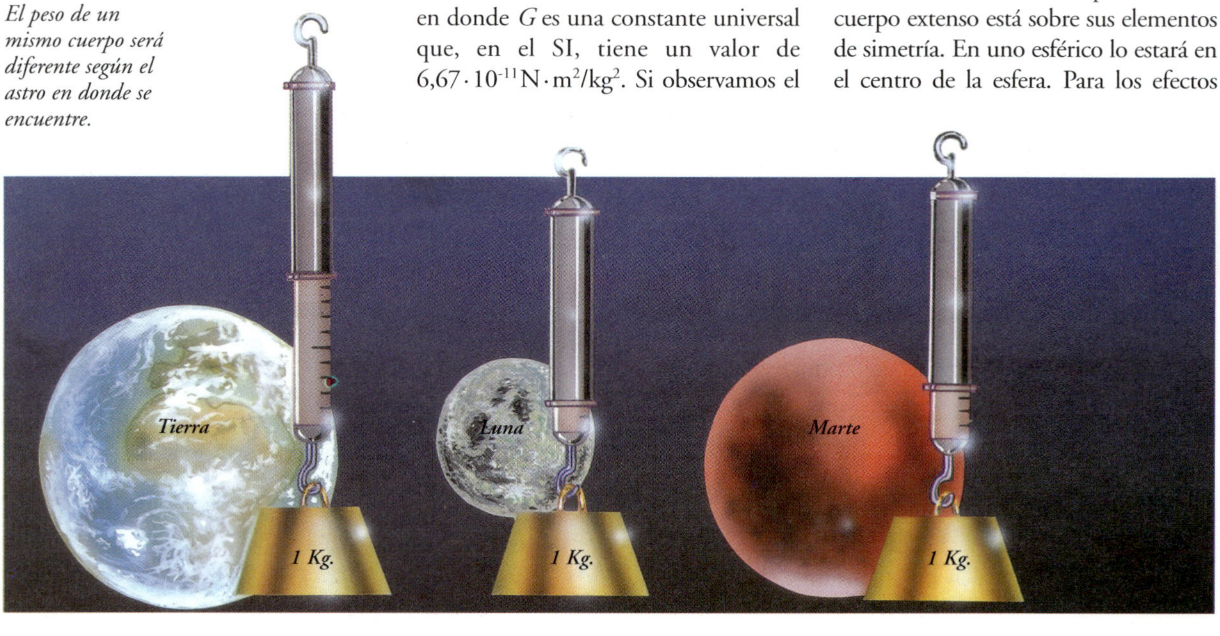

44

La fuerza con que la Tierra atrae a un satélite artificial, la que mantiene a la Luna en su órbita y el peso de un cuerpo sobre la Tierra, son todas ellas fuerzas causadas por la gravitación universal.

gravitatorios se puede considerar la masa concentrada en su centro.

Si uno de los cuerpos no tiene dimensiones astronómicas y está próximo a un astro, la atracción a la que se ve sometido recibe el nombre de peso, y el fenómeno estudiado será la gravedad. El peso de un cuerpo depende, pues, además de su masa, de la masa y del radio del planeta en cuyo campo gravitatorio se encuentre. Así, el peso de 1 kilogramo sobre la superficie terrestre es de 9,81 N; sobre la superficie lunar, 1,62 N; y sobre la de Marte, 3,73 N (fig. 43). También depende de la distancia entre el cuerpo y el centro del planeta. Este factor tiene poca importancia para los cuerpos situados directamente sobre la superficie de la Tierra, dado que las diferencias de altura son muy pequeñas frente al radio terrestre. Deberíamos considerar también las diferencias debidas a que la Tierra no es perfectamente esférica y a que, además, gira, por lo que, como consecuencia de la fuerza centrífuga, el peso de un mismo cuerpo puede llegar a ser un 0,5 por ciento inferior en el ecuador que en los polos.

Satélites artificiales y vehículos espaciales

Hay ciertos efectos de los campos gravitatorios que han empezado a sernos familiares a medida que se han generalizado los vuelos espaciales. Así, sabemos que los satélites artificiales no necesitan energía para mantenerse en su órbita, que ciertas sondas espaciales han sido aceleradas al pasar cerca de algunos planetas, que un astronauta en órbita parece estar en estado de ingravidez, etc.

Un satélite es impulsado por los cohetes hasta su órbita, en la cual se mantiene debido a la velocidad adquirida. La situación de ingravidez percibida por un astronauta (fig. 42) no significa que no pese (que la Tierra no lo atraiga). Precisamente su peso es la fuerza centrípeta necesaria para dicho movimiento circular.

La velocidad necesaria para mantener una órbita depende de la altura a la que gira el satélite. Como, además, la gravedad disminuye con el cuadrado de la distancia al centro, dicha velocidad decrece a medida que aumenta la altura. Si pudiéramos considerar la existencia de un satélite a nivel de la superficie terrestre, su velocidad debería ser de 7,9 km/s, mientras que la Luna, como satélite de la Tierra, gira alrededor de ésta con una velocidad aproximada de 1 km/s. Si pretendemos que un satélite gire con la misma velocidad angular que la Tierra, es decir, que sea geoestacionario, debemos colocarlo en una órbita ecuatorial a unos 36000 km de altura, en donde su velocidad será de unos 3,1 km/s. Estos satélites son muy utilizados en comunicaciones (televisión, telefonía) y en el estudio del tiempo.

Trabajo y energía mecánica

Aun cuando en la vida cotidiana se designa con la palabra trabajo un conjunto muy amplio de procesos y actividades relacionados más o menos con el esfuerzo muscular, el concepto físico es mucho más concreto y se refiere, exclusivamente, a que una fuerza aplicada a un cuerpo realiza un trabajo cuando desplaza su punto de aplicación en una dirección que no sea perpendicular a la de la fuerza. El valor del trabajo se calcula multiplicando el desplazamiento por la proyección de la fuerza sobre éste (fig. 45).

Podemos encontrarnos con que una fuerza no nula realiza un trabajo nulo si, o bien no hay desplazamiento (sostenemos inmóvil un cuerpo), o bien la fuerza se mantiene continuamente perpendicular al desplazamiento (la Tierra atrae con una fuerza radial a un satélite

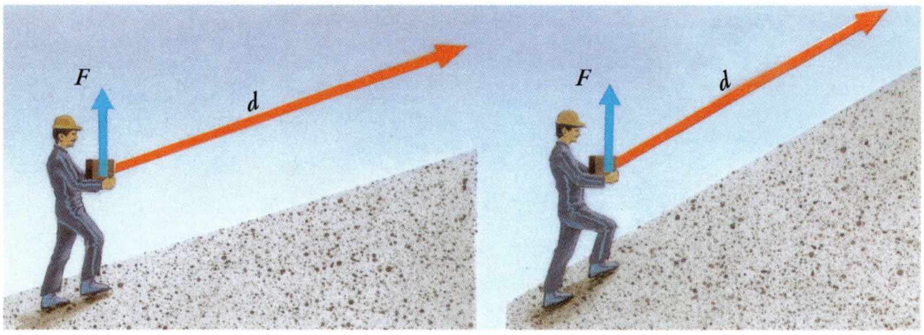

45 *El trabajo depende del ángulo entre la fuerza y el desplazamiento. Aunque la fuerza (igual al peso del cuerpo) y la longitud recorrida sean las mismas, el trabajo realizado en el segundo caso será mayor.*

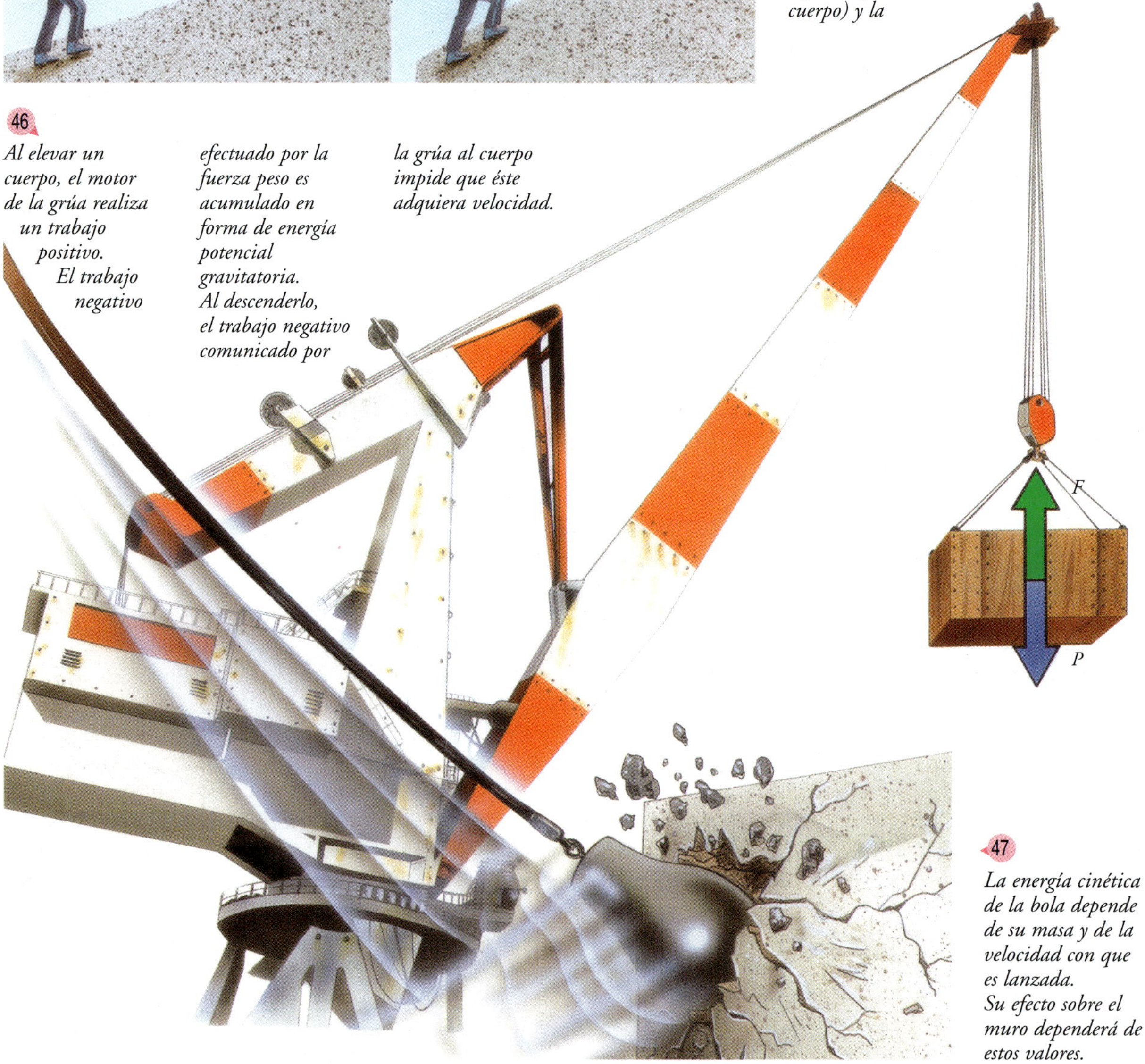

46 *Al elevar un cuerpo, el motor de la grúa realiza un trabajo positivo. El trabajo negativo efectuado por la fuerza peso es acumulado en forma de energía potencial gravitatoria. Al descenderlo, el trabajo negativo comunicado por la grúa al cuerpo impide que éste adquiera velocidad.*

47 *La energía cinética de la bola depende de su masa y de la velocidad con que es lanzada. Su efecto sobre el muro dependerá de estos valores.*

48
Un tirachinas lanzará con mayor energía la piedra cuanto más alarguemos las gomas y cuanto más duras sean éstas.

que se mueve en una órbita estable y circular). Si la proyección de la fuerza sobre el desplazamiento tiene el mismo sentido que éste, realiza un trabajo positivo, mientras que si los sentidos son contrarios, el trabajo será negativo (fig. 46).

Las unidades que se utilizan para medir el trabajo son el joule (J), que corresponde al trabajo realizado por una fuerza constante de 1N al desplazarse un metro en su misma dirección, el kilopondímetro (kpm) y el erg (din·cm).

Potencia

Es importante considerar el tiempo empleado en la realización de un trabajo. La potencia es la magnitud física que mide el trabajo efectuado en la unidad de tiempo. Es un concepto muy habitual relacionado con diversos sistemas que realizan trabajo, especialmente con los motores. Sus unidades son el watt (W), que equivale a 1 J/s, el kilopondímetro por segundo (kpm/s) y el erg/s. Hay que señalar los múltiplos kilowatt (1 kW = 1 000 W) y el caballo de vapor (C.V.), que equivale a 735 W.

Si multiplicamos la potencia desarrollada por el tiempo empleado, hallaremos el trabajo realizado. De ahí proviene una unidad de trabajo utilizada habitualmente, de manera especial en mediciones de trabajo eléctrico, el kilowatt-hora (kW·h), que es el trabajo realizado al desarrollar una potencia de 1 kW durante una hora.

Energía mecánica

El concepto intuitivo que podemos adquirir sobre la energía coincide suficientemente con el que utilizamos aquí: capacidad de un cuerpo, o de un sistema, para realizar un trabajo. En este capítulo estudiaremos la energía relacionada con el trabajo mecánico, relegando otras manifestaciones energéticas a capítulos posteriores. Evidentemente, mediremos la energía con las mismas unidades que hemos definido para el trabajo.

En primer lugar nos referiremos a la energía de un cuerpo en movimiento (energía cinética, Ec) y la compararemos, por ejemplo, con la capacidad de realizar el trabajo de destruir un muro. ¿De qué factores depende la posibilidad de realizar este trabajo? Si lanzamos un cuerpo contra el muro a una velocidad grande, su efecto será mayor que si su velocidad es pequeña. También se comprende que la posibilidad de derribo aumenta con la masa del cuerpo (fig. 47). El valor máximo del trabajo que puede realizar un cuerpo de masa m que se mueve con velocidad v corresponde al de su energía cinética y vale:

$$Ec = \frac{1}{2} mv^2$$

Si el cuerpo en cuestión, después de chocar con la pared, sigue en movimiento, la disminución de energía cinética será igual al trabajo realizado para atravesarla.

Otro tipo de energía mecánica es la que puede tener un cuerpo sometido a una fuerza (energía potencial). Si está situado a cierta altura sobre el suelo, el cuerpo puede realizar un trabajo cuando, si queda libre, cae y su peso desplaza su punto de aplicación: es la energía potencial gravitatoria, para la que vale la expresión $Ep = mgh$, donde h es la distancia vertical entre las posiciones inicial y final.

Si el cuerpo está situado muy próximo al extremo libre de un muelle comprimido, puede ser empujado por éste en el instante en que se suelte: el muelle posee energía potencial elástica. Su valor depende de la distancia x que se comprima el muelle y de la constante k de éste (que equivale a la fuerza necesaria para alargarlo una unidad de longitud) y cumple la expresión:

$$Ep = \frac{1}{2} kx^2$$

Conservación de la energía mecánica

En un cuerpo que cae en ausencia de rozamientos, la energía potencial gravitatoria va transformándose en energía cinética: la suma de una y otra —la energía mecánica— se mantiene constante. Si intervienen rozamientos —fuerzas siempre en sentido contrario al desplazamiento y, por tanto, productoras de trabajo negativo—, la energía mecánica disminuirá. Todas aquellas fuerzas para las que se conserva la energía mecánica (las gravitatorias, las elásticas...) son fuerzas conservativas.

Hidrodinámica

Un fluido es un sistema material cuyas moléculas se mueven libremente unas con respecto a las otras. Los líquidos y los gases son fluidos. En este capítulo vamos a ocuparnos de la dinámica de los líquidos —fluidos incompresibles, es decir, que mantienen constante su volumen al comprimirlos—, con las limitaciones siguientes: trataremos los líquidos no viscosos —que se mueven sin pérdidas de energía— y en régimen laminar, no turbulento —en que no se cortan los caminos que siguen las diferentes partículas, sin remolinos—. Supondremos, además, que a lo largo del camino no hay ni fuentes ni sumideros, por lo que se conservará la masa total del líquido.

Teorema de Bernoulli

Con una enorme cantidad de partículas en movimiento, es imposible ocuparnos de las características de cada una de ellas. Sin embargo, podemos estudiar la energía total del conjunto e imponer la condición de que se conserve: cualquier variación de energía será debida al trabajo realizado por alguna fuerza exterior. Como también se conserva la masa y el fluido es incompresible, el volumen *V* del líquido que atraviesa dos secciones del tubo de corriente en el mismo tiempo es idéntico. Por ello, el líquido irá más deprisa en los pasos estrechos.

¿Qué fuerzas actúan sobre un líquido que se mueve? Aparte de su propio peso, existen las presiones a que lo someten el tubo, la atmósfera o cualquier otro agente externo. Así pues, la energía de cualquier parte del líquido sólo puede variar a causa de un cambio de velocidad *v* —energía cinética—, del nivel geográfico o altura *h* —energía potencial gravitatoria—, o de la presión *p* —trabajo externo—. La suma de los tres términos debe ser constante en cualquier punto e instante.

Para la unidad de volumen se cumplirá, siendo $d = m/V$ la densidad del líquido, $p + d \cdot v_2/2 + d \cdot g \cdot g = cte$, que es una de las formas de expresar el teorema de Bernoulli, que es considerado como el principio fundamental de la hidrodinámica.

Efecto Venturi

Si el fluido circula horizontalmente y, por lo tanto, el nivel es constante, la suma de los dos primeros términos de la ecuación de Bernoulli debe permanecer constante. Toda variación de velocidad —por ejemplo, al cambiar la sección

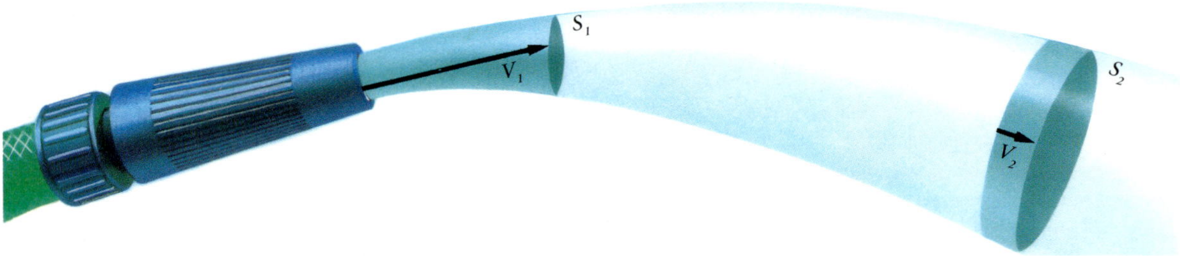

49 *Los dos volúmenes de líquido V_1 y V_2, son iguales, puesto que son los que han atravesado las dos secciones en el mismo tiempo. La variación de energía cinética que experimenta el líquido al pasar de la primera zona a la segunda es debida a los trabajos efectuados por su peso y por la presión a que está sometido.*

50 *Efecto Venturi. Al ser distinta la velocidad del gas en unos puntos que en otros, la presión a que se somete en ella a los cuerpos es diferente. Por eso el papel (a) y el avión (c) se elevan, se tuerce la trayectoria de la pelota (b) y asciende la pintura en el aerógrafo (d).*

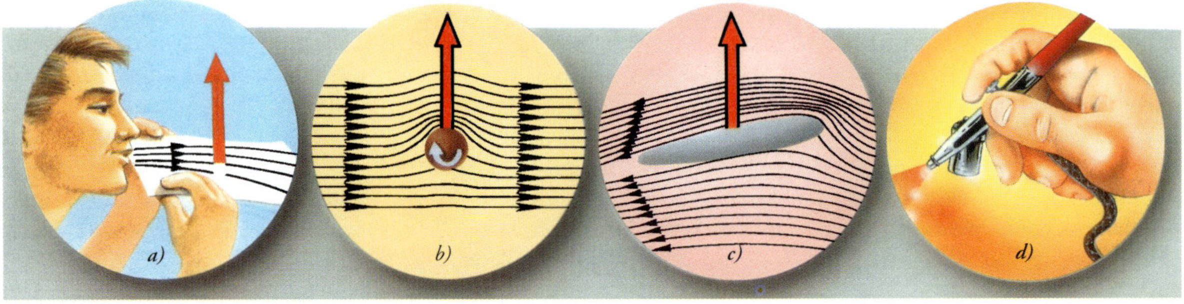

51 *La velocidad con que sale el agua hacia la turbina es la misma con que caería desde el nivel superior.*

del tubo— comporta una variación en la presión del fluido, lo que es conocido como efecto Venturi.

Muchas son las aplicaciones de este efecto; entre ellas, alguna tan vistosa como elevar un papel sujeto por un extremo, al soplar por encima de él. Muy habitual es el uso de los pulverizadores, tanto en perfumería como en los carburadores de los motores de explosión; en ellos, una corriente de gas, forzada a gran velocidad frente a la boca de un tubo, succiona por depresión el líquido, obligándolo a ascender y ponerse en medio de la corriente y ser así pulverizado. En el caso de una pelota lanzada con efecto, es el aire —cuya velocidad es diferente en un lado y otro de la pelota— el que tuerce su camino, en forma semejante a como sostiene a un avión en vuelo gracias a la forma de sus alas (fig. 50).

El efecto Venturi es también la base del funcionamiento de las trompas de vacío, usadas en los laboratorios, y de algunos aparatos que se emplean para medir la velocidad de vuelo de los aviones (tubo de Pitot).

Teorema de Torricelli

En un depósito con salida, el desagüe tiene una sección mucho menor que la superficie libre del líquido, por lo cual, al desaguar, la velocidad del líquido en la parte superior del depósito es despreciable con respecto a la velocidad de salida. Si aplicamos el teorema de Bernoulli a este caso —observando que la presión exterior sobre ambas superficies libres es la atmosférica—, se comprueba que la energía potencial que desaparece arriba es igual a la energía cinética que aparece abajo. A la misma conclusión se llega si imaginamos la sustitución del líquido de abajo por el correspondiente de arriba con el resto inmóvil (fig. 51). Así, la velocidad de salida del agua por el agujero es la misma con que caería desde arriba del depósito:

$$v = \sqrt{2 g h}$$

Viscosidad

En los líquidos reales hay que tener en cuenta la pérdida de energía debida a la acción de las fuerzas que se oponen al desplazamiento relativo de las distintas partes del líquido entre sí. Este rozamiento interno de los líquidos se mide mediante el coeficiente de viscosidad, que es propio de cada sustancia y suele depender de la temperatura (fig. 52).

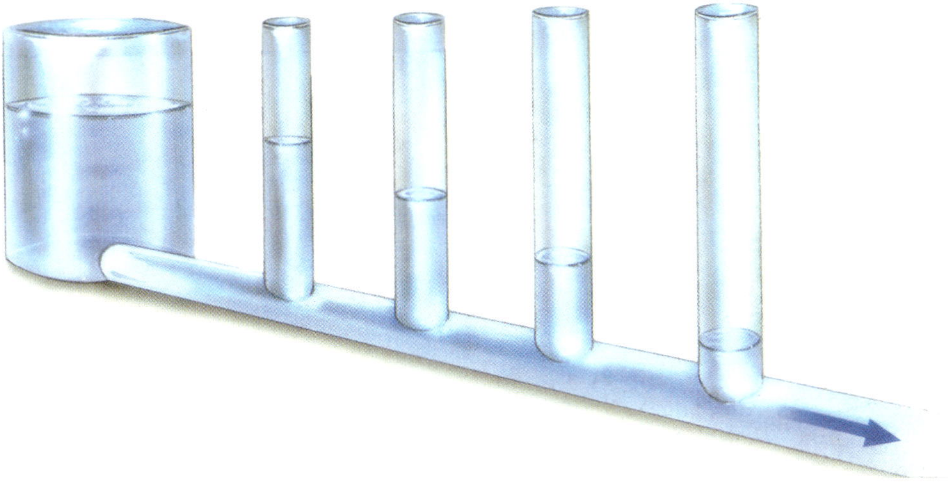

52 *La viscosidad produce una pérdida de energía, de velocidad (y con ella de presión) y de carga en el tubo, carga que sería constante si la viscosidad fuese nula.*

Calor y temperatura

A menudo confundimos temperatura con calor, aunque sean dos conceptos distintos. Así, identificamos la sensación de calor con una temperatura elevada,

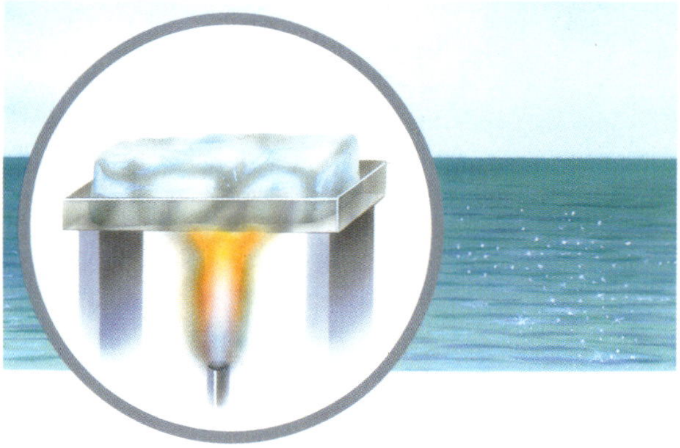

53

Se precisa mucho menos calor para fundir este trozo de hielo y que hierva, que para que suba un grado la temperatura del mar.

aunque, en la sensación de calor influye también la humedad. Para clarificar la cuestión contestaremos a las preguntas: ¿qué es el calor?, ¿qué es la temperatura? y ¿qué relación hay entre ambos?

Calor

Por experiencia sabemos que, al poner dos cuerpos en contacto, el más caliente de ellos se enfría y el más frío se calienta. Este hecho se interpreta considerando que pasa calor del cuerpo más caliente al más frío. Por otro lado, si se comprime un gas, se calienta, y se enfría cuando se expande. Podemos comprobar, por último, cómo se calienta un clavo al ser golpeado o las manos al frotarlas.

Un sistema puede transmitir o ceder energía a otro de dos formas: realizando un trabajo sobre él —con la aplicación de una fuerza— o bien calentándolo. El calor es, pues, como el trabajo, un método de transferir energía de un cuerpo o un sistema a otro. Para medir el calor utilizamos las unidades de energía y trabajo: joule, kpm, erg.

Temperatura

En general, al calentar un cuerpo, aumenta su temperatura. Las partículas del cuerpo realizan continuamente ciertos movimientos que dependen del estado físico del mismo (sólido, líquido, gas) y, en cada caso, tienen una determinada energía cinética. Al calentar el cuerpo, el calor recibido hace que la energía de las partículas aumente en promedio. La temperatura es una medida de la energía cinética media de la totalidad de las partículas que componen un cuerpo.

No siempre aumenta la temperatura al comunicar calor a un cuerpo. Si calentamos agua, su temperatura se incrementa hasta que empieza a hervir, y, a partir de este momento, se mantiene constante mientras quede agua. En este caso, el calor se emplea en romper ataduras entre las partículas y el agua se evapora, con lo que cambia su estado de agregación.

Relación entre calor y temperatura

¿Cómo es el aumento de temperatura de un cuerpo al calentarlo? Si calentamos con fuegos iguales dos cuerpos, en general, el aumento de temperatura no será el mismo. No cuesta lo mismo calentar el agua contenida en un vaso que la de una piscina. El calor necesario es directamente proporcional a la masa que queremos calentar (fig. 53).

Dos masas iguales de materiales distintos no se calientan de la misma manera. Si calentamos, con fuegos idénticos, 100 g de agua y 100 g de hierro, inicialmente a la misma temperatura, cuando la temperatura del agua haya aumentado en 20 °C, la del hierro lo habrá hecho en unos 110 °C.

Entre el calor Q cedido o absorbido por una masa m al producirse un cambio de temperatura $(t_2 - t_1)$, siempre que no se haya producido ningún cambio de estado, existe la relación siguiente:

$$Q = m \cdot c_e \cdot (t_2 - t_1)$$

54

Los sólidos transmiten calor por conducción, pasando la energía de cada partícula a las contiguas. No todos los materiales conducen el calor de igual forma.

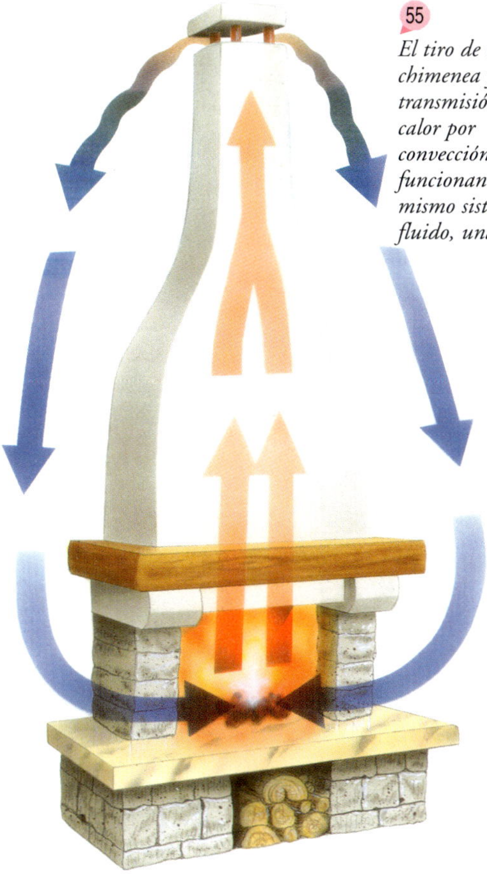

55
El tiro de la chimenea y la transmisión de calor por convección funcionan por el mismo sistema: el fluido, una vez caliente, con menor densidad, asciende y es sustituido en la zona inferior por otro frío. La convección es propia de los fluidos.

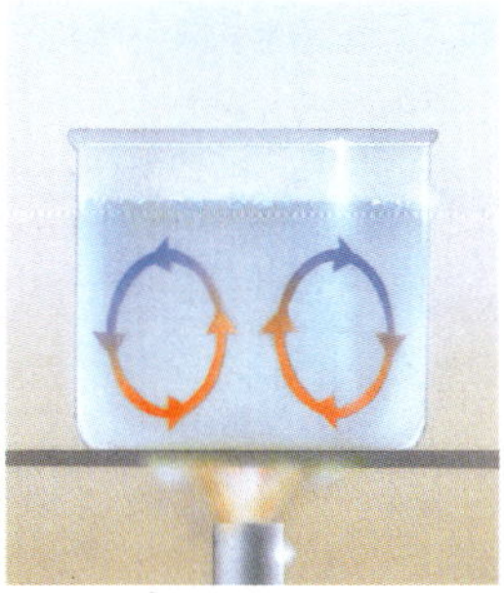

en la cual c_e —calor específico del cuerpo en cuestión— es el calor que hay que ceder a la unidad de masa del cuerpo para conseguir que se produzca una variación de un grado en su temperatura. El calor específico varía ligeramente con la temperatura.

La unidad tradicional de calor, la caloría, equivale al calor que es necesario suministrar a un gramo de agua para que su temperatura pase de 14,5 °C a 15,5 °C, con lo que el calor específico del agua puede expresarse: 1 cal/g · °C.

Escalas termométricas

Hemos utilizado ya los grados centígrados para hablar de temperaturas determinadas. El valor de una temperatura se determina por comparación con diversas escalas previamente definidas. Las más usuales son:

Escala Celsius o centígrada

Establecida de forma que, a la presión de una atmósfera, el agua funda a 0 °C y hierva a 100 °C.

Escala Farenheit

El cero corresponde a la temperatura de fusión de una mezcla frigorífica de hielo y cloruro amónico; y el cien, aproximadamente a la del cuerpo humano. En relación con la centígrada, 32 °F corresponden a 0 °C, y 212 °F a 100 °C.

Escalas absolutas

El cero corresponde a la temperatura más baja posible en la cual la energía cinética de las partículas del cuerpo sería nula. En la más habitual, la escala Kelvin, establecida por el SI, el cero corresponde a −273,15 °C. El intervalo de 1 kelvin (lK) equivale exactamente a 1 °C.

56
Para que nos llegue la energía del sol no es preciso ningún medio. Se propaga por radiación.

Dilatación. Cambios de estado

Los efectos producidos sobre un cuerpo al comunicarle calor son: o el aumento de su temperatura, o un cambio en su estado físico. Estudiaremos a continuación la dilatación de los cuerpos al aumentar su temperatura.

Dilatación

En las grandes construcciones metálicas es preciso prever unas juntas de dilatación para evitar los problemas derivados de las variaciones térmicas (fig. 57). Cuando se calientan un globo, una pelota o un recipiente lleno de gas, se hinchan y aumenta su presión interior.

Sabemos que la temperatura es una medida de la energía cinética media de las partículas que forman el cuerpo. Un sólido está formado por partículas fijas, ligadas a las que las rodean por ciertas fuerzas. Cada partícula vibra alrededor de su posición de equilibrio y, en su movimiento, afecta a las demás. Al aumentar la temperatura se acrecienta la amplitud de las vibraciones y, por lo tanto, crece la distancia entre las partículas por sus acciones mutuas y el cuerpo se dilata: sus dimensiones aumentan.

El incremento de la longitud de un cuerpo es proporcional a su longitud inicial. La dilatación es también proporcional al aumento de temperatura. Cada material tiene un coeficiente de dilatación lineal λ que equivale al aumento de la unidad de longitud cuando la temperatura sube un grado. Así, la longitud de un cuerpo a temperatura t será:

$$1 = l_o (l + \lambda t)$$

donde l_o es la longitud a 0 °C.

Al dilatarse un cuerpo aumentan todas sus dimensiones. Podremos, así, considerar el aumento de las superficies y del volumen, cuyas ecuaciones son semejantes a la anterior. Los correspondientes coeficientes de dilatación son muy aproximadamente múltiplos del lineal: 2λ para el superficial y 3λ para el de volumen.

Según la teoría cinética, las partículas de un fluido se mueven con entera libertad hasta que chocan elásticamente entre sí o con las paredes del recipiente, lo cual es la causa de la presión del fluido. Al aumentar la energía cinética de las partículas, crecen la violencia de los choques y la presión que el fluido ejerce sobre sus límites. Si alguno de ellos es desplazable, como, por ejemplo, la superficie libre de un líquido, un émbolo móvil, un tapón flojo o una pared elástica, aumenta el volumen.

En los líquidos, al no ser compresibles, la dilatación se traduce sólo en un

57 *Las separaciones que existen en los puentes sirven para que pueda dilatarse su estructura y así no se rompan.*

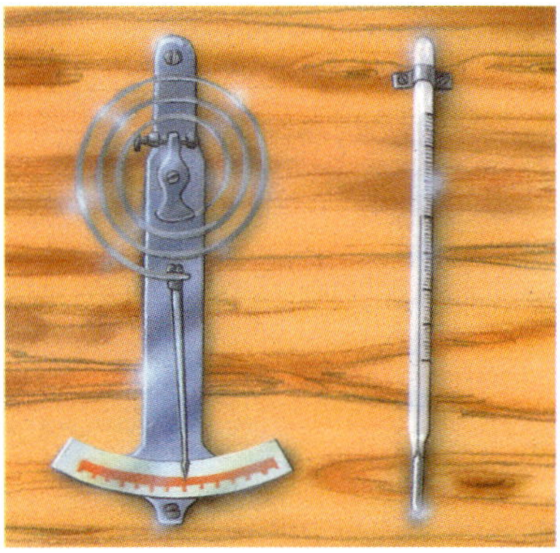

58 *La mayor parte de los termómetros se basan en la dilatación: de un sólido (termómetros metálicos) o de líquidos (termómetros de mercurio o de alcohol).*

59 *El aire, al ser calentado por las manos, aumenta de volumen e impulsa hacia arriba el líquido coloreado.*

60
Los globos que deben ascender a gran altura van parcialmente llenos para que puedan hincharse, a medida que suben, gracias a la disminución de la presión exterior.

61
Los objetos, expuestos al sol, se están refrescando. Para evaporarse, el líquido precisa tomar el calor del cuerpo al que moja: al botijo que transpira, a la fruta de la que es jugo. Lo mismo sucede con el sudor.

aumento de volumen y no de presión. Para saber el aumento real de volumen de un líquido que se dilata, hay que considerar, además, la dilatación que habrá sufrido la vasija.

Como al aumentar la temperatura de los gases pueden acrecentarse tanto su volumen como su presión, consideraremos separadamente el aumento de volumen *V* manteniendo la presión constante; y el aumento de presión *p*, manteniendo constante el volumen. Si utilizamos ecuaciones parecidas a las de la dilatación de los sólidos, nos aparecerán dos coeficientes de dilatación que tendrán el mismo valor, el cual, además, será idéntico para todos los gases. Sin embargo, es más útil emplear, para los gases, las leyes de Gay Lussac-Charles: A presión constante $V/T = cte$, y a volumen constante $p/T = cte$, donde T es la temperatura absoluta.

Se puede modificar el volumen de un gas sin calentarlo con sólo modificar la presión (fig. 60). Según la ley de Boyle-Mariotte, a temperatura constante, el volumen de un gas es inversamente proporcional a su presión:

$$p \cdot V = cte$$

Si combinamos las tres leyes anteriores, obtenemos la llamada ley de los gases perfectos o ideales:

$$p \cdot V/T = cte$$

que suele presentarse en la forma de la ecuación de Clausius-Clapeyron:

$$p \cdot V = n \cdot R \cdot T$$

donde n es la cantidad de gas en moles y R la constante universal de los gases, cuyo valor en el SI es de 8,3 J/K mol.

Estas ecuaciones se cumplen de forma muy aproximada sólo si el gas está lejos de condiciones extremas.

Cambios de estado

Como sabemos, una sustancia de composición química definida se presenta en estados o fases —sólido, líquido, gas, etc.—, diferentes según sus características termodinámicas (p y T). Al cambiar de estado, varía la estructura de la sustancia, a la vez que se produce un consumo o una liberación de energía. Mientras tiene lugar el cambio de estado no varía la temperatura, puesto que toda la energía se emplea en vencer algunas de las fuerzas que mantenían unidas entre sí las partículas del cuerpo o en crear otras ataduras entre ellas. La temperatura del cambio de estado de sustancias puras es propia y característica de cada cambio para una presión determinada (fig. 62).

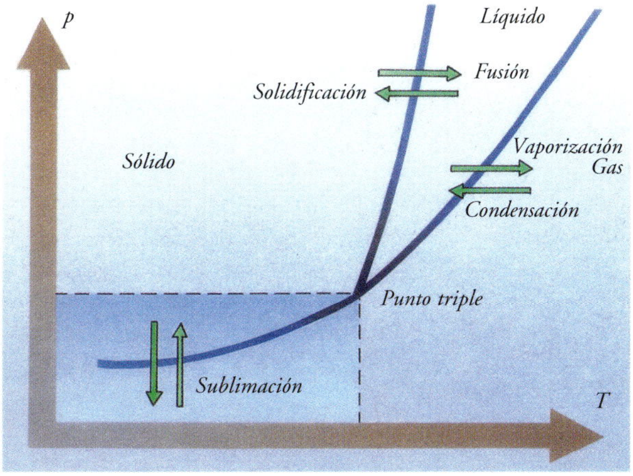

62
Las condiciones de presión y temperatura para las cuales coexisten los estados sólido, líquido y gaseoso constituyen el denominado punto triple. La escala termométrica en el SI se define a partir del punto triple del agua.

Principios de termodinámica

Al hablar de dinámica hemos visto cómo se comporta un cuerpo bajo la acción de fuerzas. Pero ¿qué sucede cuando son diversas las partículas que interactúan? El problema resulta muy complejo, y tanto más cuantas más partículas intervengan, con lo que sólo podremos trabajar con valores medios y métodos estadísticos, como hemos indicado al definir la temperatura.

La parte de la física que usa métodos estadísticos para estudiar el comportamiento global de los sistemas es la termodinámica. Sus fundamentos son los *principios de la termodinámica.*

63

En las estaciones meteorológicas, los termómetros se sitúan en garitas para asegurar que estén a la sombra, evitando el calor directo del sol, y que, en contacto con el aire corriente, midan la temperatura de éste.

Principio cero

Decimos que un cuerpo está en equilibrio térmico cuando el calor que recibe y el que emite son iguales. En este caso, la temperatura de todos sus puntos es y se mantiene constante.

Un caso paradójico de equilibrio térmico nos lo proporciona un hierro expuesto al sol. La temperatura del cuerpo, una vez alcanzado el equilibrio, se mantiene superior a la ambiente debido a que el aporte continuo de energía solar se compensa con la que el cuerpo irradia y la que pierde por conducción y convección (fig. 64).

Dos cuerpos en contacto intercambian calor continuamente, y es mayor el flujo del más caliente al más frío que a la inversa. Al seguir el proceso, llegará un momento en que se alcanzará un equilibrio en el cual el calor que pase en un sentido será igual al que pase en sentido contrario. Cuando esto suceda, los dos cuerpos estarán a la misma temperatura. Este hecho constituye el denominado *principio cero*: dos cuerpos en contacto están a la misma temperatura una vez alcanzado el equilibrio térmico. Se comprende con facilidad que el cuerpo más frío se calienta y el más caliente se enfría, y, así, va disminuyendo el flujo neto de calor entre ellos a medida que se reduce su diferencia de temperatura.

Primer principio

La generalización del principio de conservación de la energía nos permite afirmar que la variación de la energía interna de un sistema es la suma del trabajo realizado y el calor transferido enunciado lógico al haber establecido que trabajo y calor son las formas de transferir energía y que ésta no se crea ni se destruye (fig. 65).

Entendemos por energía interna de un sistema la suma de las distintas energías de todas las partículas que lo componen: energía cinética de traslación, de rotación y de vibración, energía de enlace, de cohesión, etc.

El primer principio se ha enunciado, a veces, como la imposibilidad de la existencia del móvil perpetuo de primera especie, es decir, la imposibilidad de producir trabajo sin que se produzca consumo de energía en alguna de las formas en que se manifiesta.

Segundo principio

El primer principio permitiría tomar calor de un cuerpo a baja tempera-

64

La conocida anécdota de freír un huevo sin más calor que el que proporciona a la piedra el sol, sólo tiene justificación en el hecho de que el equilibrio entre el calor recibido del sol por la piedra y el irradiado por ésta se produce a una temperatura muy superior a la ambiente.

65

El calor que hace sudar, pese al frío, a este limpianieves, y el que cede al aire, así como el trabajo que realiza apartando la nieve, provienen de la energía interna que el hombre posee.

tura y transferirlo a otro de temperatura más elevada. Pero la experiencia nos indica que este proceso no es posible de una manera espontánea. El segundo principio indica el sentido en que se produce un proceso termodinámico para un sistema aislado.

Cuando usamos calor para realizar un trabajo no conseguimos aprovechar toda la energía que se toma de un cuerpo a temperatura elevada, puesto que luego se debe devolver parte de ella para enfriar el sistema y volver a empezar el proceso (fig. 66).

El segundo principio de la termodinámica impone la imposibilidad de transformar totalmente en trabajo una cantidad de calor. También se ha enunciado como la imposibilidad de conseguir un móvil perpetuo de segunda especie, es decir, un móvil que intercambia calor con un solo medio para realizar un trabajo. Sería el caso de un barco que intentase navegar a base, únicamente, de extraer calor del mar, enfriando el agua.

Al tratar este principio se habla a menudo de la degradación de la energía. Para evaluar la degradación de la energía se define una magnitud llamada *entropía* (*S*), que mide, en cierta forma, el desorden de las partículas de un sistema. Todo proceso en el cual disminuya la entropía de un sistema aislado contraviene el segundo principio.

Tercer principio

A veces se considera como tercer principio el teorema de Nerst, que establece que la entropía del cero absoluto es nula. Este enunciado hace imposible que se alcance la temperatura mínima con un número finito de transformaciones termodinámicas, pues, según el segundo principio, la entropía de un sistema cerrado y aislado se mantiene o aumenta.

66

Este primitivo motor, atribuido a Herón de Alejandría, produce un trabajo de rotación, tomando calor a temperatura elevada del fuego, y cediéndolo al aire a menor temperatura mediante el vapor que se enfría.

Carga eléctrica y campo eléctrico

Frecuentemente, al abrir una carpeta, observamos que una hoja separadora de plástico es atraída por la vecina. Quizás, al descender del coche después de un viaje en un día seco, nos haya sorprendido desagradablemente un pellizco, un pequeño calambre. Incluso es posible percibir al despojarnos, en la oscuridad, de una prenda de vestir —especialmente si es de fibras sintéticas—, la luminosidad y oír el chasquido de las pequeñas chispas que se producen. Son ejemplos de un fenómeno, conocido desde antiguo, que recibe el nombre de *electricidad estática.* Ya los griegos observaron que, al frotar un pedazo de ámbar *(élektron,* en griego clásico) con un paño, atraía pequeños objetos.

Para estudiar este fenómeno nos será útil conseguir un péndulo eléctrico, consistente en una bolita de médula de saúco (o algún sucedáneo) suspendida de un soporte de plástico mediante un hilo de seda. Trataremos de evidenciar las fuerzas eléctricas que aparezcan sobre la bolita. Utilizaremos diferentes materiales (vidrio, barras de diversos plásticos, lacre, etcétera) para ser frotados con otros (paños de lana, de seda, bolsas de plástico...), puesto que la electrización se da entre dos objetos cualesquiera que se froten entre sí.

Si con una barra de un plástico cualquiera (o ebonita, o resina...) tocamos dos de estos péndulos próximos entre sí, comprobaremos que se repelen. Lo mismo sucede si los péndulos entran en contacto con una barra de vidrio que haya sido frotada con un paño de seda o, incluso, con una bolsa de plástico. En cambio, si tocamos un péndulo con plástico y otro con vidrio, se atraen. Este hecho permite considerar dos clases diferentes del mismo fenómeno electrostático. Franklin llamó negativa a la electricidad de la resina (el plástico) y positiva a la del vidrio. En cada caso el cuerpo con el que hemos frotado la barra adquiere una electricidad de signo contrario al de ésta: el paño con que se frota el plástico adquiere electricidad positiva (fig. 68).

67

A veces, al peinarnos, las fuerzas de atracción entre las cargas eléctricas de signos contrarios que aparecerán en el plástico y en el cabello, nos ponen los pelos de punta.

Estructura eléctrica de la materia

¿Cómo hacemos aparecer electricidad en la materia eléctricamente neutra? La respuesta está en la propia estructura de la materia: los átomos que la conforman están, a su vez compuestos por otras partículas menores, entre las cuales, los protones —portadores de electricidad positiva y muy internos en el átomo— y los electrones —negativos y situados en la zona exterior— se compensan. Al frotar entre sí dos cuerpos, uno de ellos arranca algunos electrones de los átomos superficiales del otro, quedando este último con electricidad positiva por defecto de electrones, mientras que el primero queda con electricidad negativa.

Carga eléctrica

La magnitud física que produce los fenómenos electrostáticos es la carga eléctrica, y los cuerpos que tienen las propiedades descritas hasta aquí son cuerpos cargados. La unidad elemental de carga es la del *electrón.* El protón tiene la misma carga, pero de signo contrario. Como su valor es muy pe-

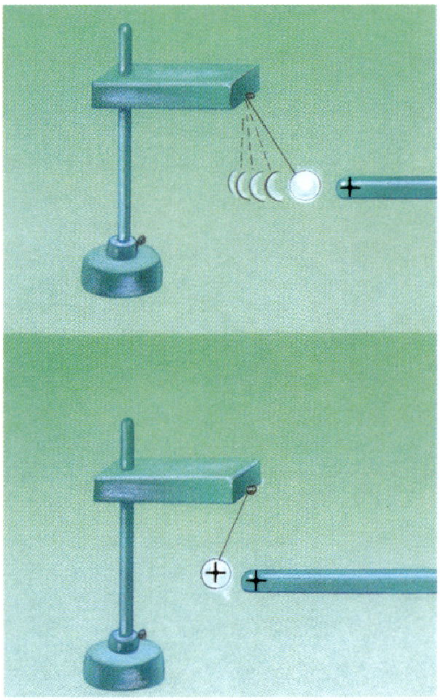

68

Si frotamos una barra de vidrio con un paño de seda, se carga positivamente y atrae la bolita del péndulo eléctrico.

Si se ponen en contacto, le comunica carga de su mismo signo y, entonces, la bolita es repelida.

69

Un electroscopio consta de dos láminas metálicas muy finas, encerradas en un recipiente de vidrio y conectadas con el exterior. Si el cuerpo que se pone en contacto con las láminas está cargado eléctricamente, éstas divergen; si lo tocamos con la mano, el electroscopio se descarga y caen.

queño, las unidades habitualmente utilizadas son otras: en el SI, el coulomb (C) corresponde a la carga de cada uno de dos cuerpos que, situados a 1 m de distancia en el vacío, se repelen con una fuerza de $9 \cdot 10^9$N. La unidad electrostática de carga (u.e.e.q.) es $3 \cdot 10^9$ veces menor.

Ley de Coulomb

La interacción electrostática entre dos cargas eléctricas de valores respectivos q y q', situadas a una distancia d, viene cuantificada por la ley de Coulomb, en cuya expresión:

$$F = \frac{1}{4\pi\varepsilon} \cdot \frac{q \cdot q'}{d^2}$$

el valor del factor $1/4\pi\varepsilon$ depende del medio que separa las cargas. En el vacío, y para unidades SI, vale $9 \cdot 10^9 \mathrm{N \cdot m^2/C^2}$; y para unidades electrostáticas, vale 1 $\mathrm{dyn \cdot cm^2/u.e.e.q^2}$. Con la letra ε se designa la constante dieléctrica del medio.

Campo eléctrico

A veces prescindimos de considerar las cargas eléctricas y estudiamos sus efectos mediante la utilización del concepto de campo eléctrico, que ocupa la zona del espacio en la cual se manifiestan fuerzas de atracción y de repulsión sobre cargas eléctricas, y cuya intensidad $\vec{E}$ en un punto dado corresponde a la fuerza que actúa sobre una carga positiva de valor unidad colocada en dicho punto. Así, si conocemos el valor de $\vec{E}$, podremos calcular la fuerza con que actúa sobre una carga cualquiera q situada en un punto dado, multiplicando $\vec{E}$ por q:

$$\vec{F} = \vec{E} \cdot q$$

Para representar el campo eléctrico en una zona del espacio, se dibujan las líneas de campo; en lugar de señalar el vector $\vec{E}$ en todos los puntos, se trazan líneas tales que, en cada punto, el vector $\vec{E}$ les sea tangente (fig. 70). Si la carga que crea el campo es puntual, las líneas de campo serán radiales. Si se superponen varios campos, en cada punto deberemos hallar $\vec{E}$ como la suma de todos los campos elementales, mientras que las líneas de campo tendrán formas diversas.

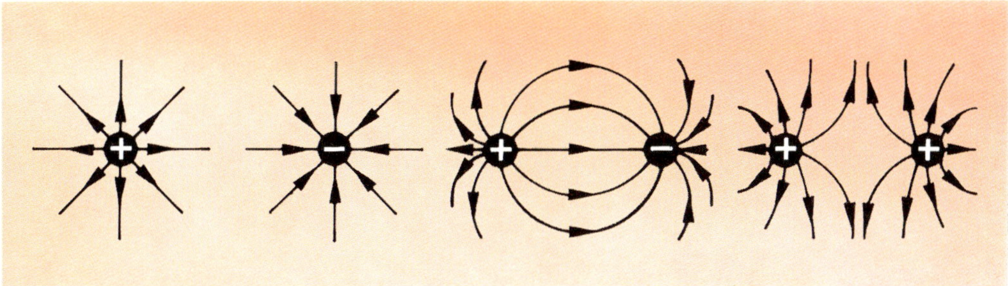

70

Las líneas de campo son una buena representación para los campos eléctricos. La flecha indica el sentido del movimiento que tendría una carga positiva abandonada en el campo.

Potencial eléctrico

Como ocurría con una masa en un campo gravitatorio, un cuerpo cargado eléctricamente colocado en un campo eléctrico, tiene energía potencial debido a su posición. El trabajo que costará trasladar una determinada carga, venciendo las fuerzas del campo y desde fuera de éste hasta un determinado punto, será acumulado por la carga en forma de energía potencial eléctrica.

A cada punto (P) del campo le asignamos un valor de potencial eléctrico (V), que corresponde a la energía potencial que tiene la unidad positiva de carga en dicho lugar. El potencial eléctrico de un punto equivale, pues, al trabajo necesario para trasladar, con movimiento uniforme, la unidad de carga positiva hasta P desde el infinito, considerado como un punto suficientemente alejado de las cargas que crean el campo.

La unidad de potencial eléctrico en el SI es el volt (V). Un punto del campo tiene el potencial de 1 volt si, para trasladar hasta él desde fuera del campo +1 coulomb, se debe realizar el trabajo de 1 joule:

$$1 \text{ volt} = \frac{1 \text{ joule}}{1 \text{ coulomb}}$$

Los puntos de un campo creado por una carga positiva tendrán potencial positivo. Si la carga creadora del campo es negativa, los potenciales serán negativos. Con esto se indica que trasladar una carga desde fuera del campo hasta el punto considerado, representa realizar un trabajo negativo; o sea, dejar que el campo traslade la carga, pero haciendo una fuerza

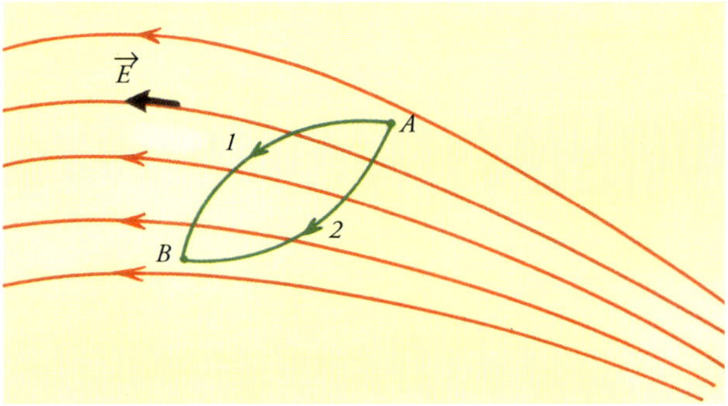

72
El trabajo en un campo eléctrico no depende del camino seguido (1 o 2) para trasladar la carga entre dos puntos dados (A y B).

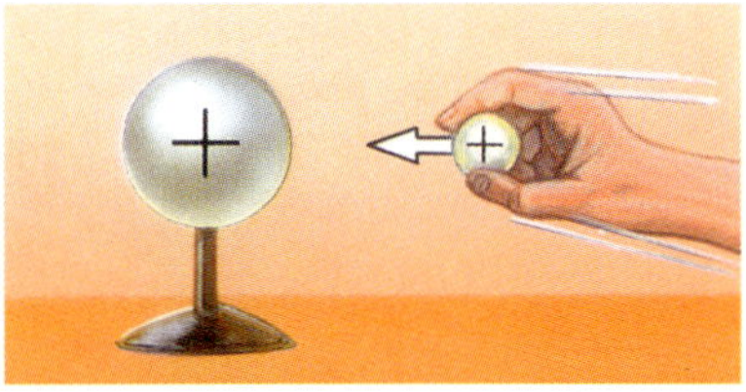

71
Para aproximar una carga positiva a otra del mismo signo, deberemos efectuar una fuerza contraria al campo creado por ésta y realizar un trabajo.

73
Cuando entre dos cuerpos hay una diferencia de potencial de entre 10 000 V y 30 000 V por centímetro, salta una chispa del uno al otro.

74
Para que se produzca un rayo es necesario que exista, entre la nube y el suelo, una diferencia de potencial de millones de volts.

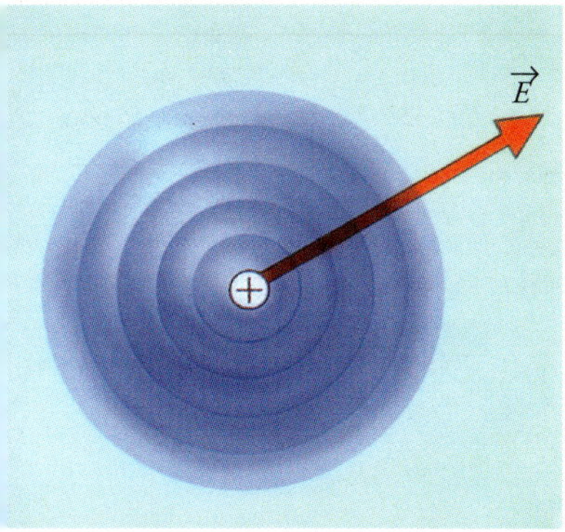

contraria a éste con la finalidad de evitar que la carga acelere.

Diferencia de potencial

No interesa tanto, a menudo, la energía de una carga en un punto como la variación de dicha energía al trasladar la carga. La diferencia de potencial entre dos puntos de un campo eléctrico es igual al trabajo necesario para trasladar la unidad de carga positiva del uno al otro.

75
Para una carga puntual, las superficies equipotenciales son esféricas y concéntricas.

Las fuerzas eléctricas son fuerzas conservativas (ver *Trabajo y energía mecánica*). Si movemos una carga por un campo eléctrico y volvemos al punto de partida, el trabajo total realizado es nulo. Esto equivale a decir que el trabajo empleado en trasladar la carga entre dos puntos (de *A* a *B*) de un campo eléctrico es igual y de signo opuesto al que se debería realizar para llevarla de *B* a *A* (fig. 72). Así pues, el trabajo depende únicamente de los puntos origen y final, y no del camino recorrido.

Superficies equipotenciales

Todos los puntos de un campo eléctrico que estén al mismo potencial constituyen una superficie equipotencial. Al mover una carga por una superficie equipotencial, ésta no realiza ningún trabajo ni acumula energía alguna. Y dado que el trabajo es nulo aunque no lo sean ni la fuerza eléctrica que actúa sobre la carga ni el desplazamiento, cabe concluir que toda superficie equipotencial es perpendicular en cada punto a las líneas de campo (figs. 75 y 76).

Una carga eléctrica positiva, abandonada sin velocidad inicial en un campo eléctrico, será impulsada a lo largo de las líneas de fuerza del campo, y en su mismo sentido, hacia posiciones en las cuales tenga una menor energía potencial; es decir, las líneas de campo indican los potenciales decrecientes.

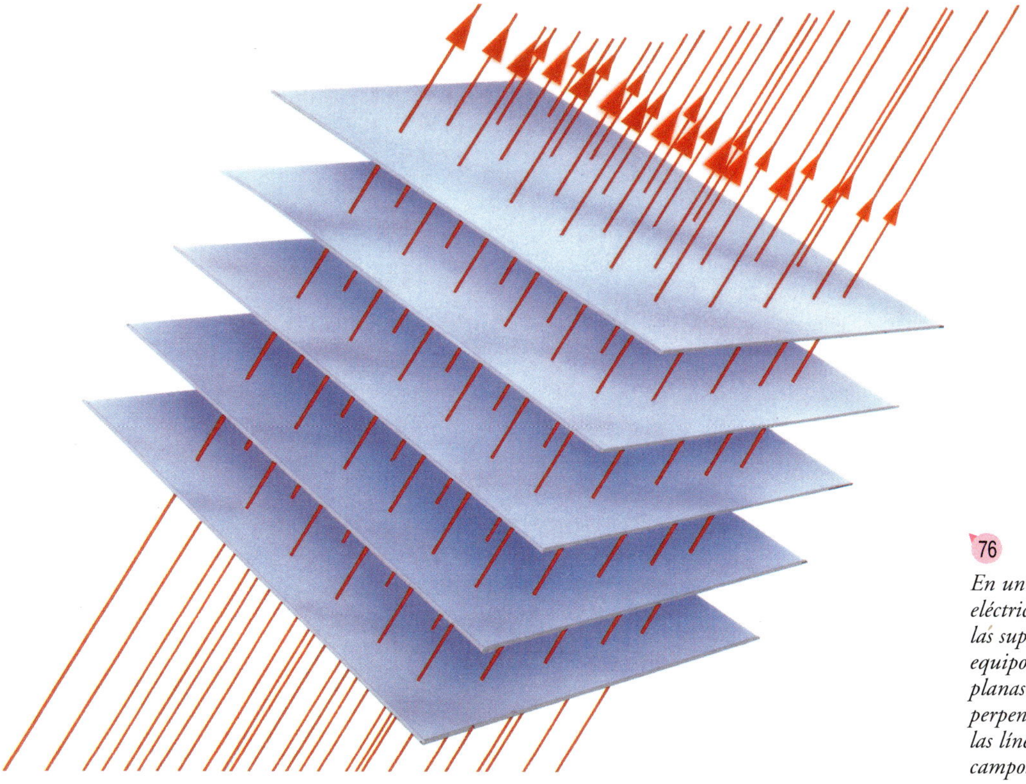

76
En un campo eléctrico uniforme, las superficies equipotenciales son planas y perpendiculares a las líneas del campo.

Inducción electrostática. Condensadores

Coloquemos un cuerpo cualquiera en el interior de un campo eléctrico. Las cargas de las partículas que constituyen el cuerpo se verán impulsadas por la acción del campo de manera que, en general, se producirá un desplazamiento efectivo de las cargas eléctricas y su acumulación en determinadas zonas del cuerpo.

Este fenómeno, por el cual aparecen cargas eléctricas en un cuerpo al someterlo a un campo eléctrico o al acercarle otra carga, se denomina *inducción electrostática.*

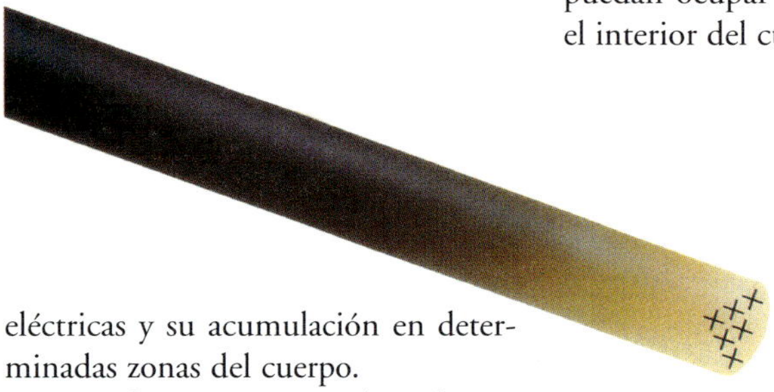

Conductor metálico

La estructura interna de los metales permite que uno o más electrones pertenecientes inicialmente a cada uno de sus átomos —que ocupan posiciones fijas en la red cristalina—, puedan ocupar cualquier posición en el interior del cuerpo. No están, pues, ligados a un átomo concreto: son electrones libres, y sus movimientos en el interior del conductor son desordenados. Bajo la acción de un campo eléctrico se desplazarán en sentido contrario a las líneas de campo, con lo cual, en un extremo del conductor habrá una acumulación de electrones; y, en el otro, una carga positiva neta, debido a su ausencia (fig. 78).

Estas cargas inducidas crean, a su vez, otro campo eléctrico que se opone y tiende a anular al primero en el interior del conductor. Podemos eliminar una cualquiera de las concentraciones de cargas comunicando un extremo con la tierra, con lo cual, por inducción electrostática, conseguiremos cargar el cuerpo.

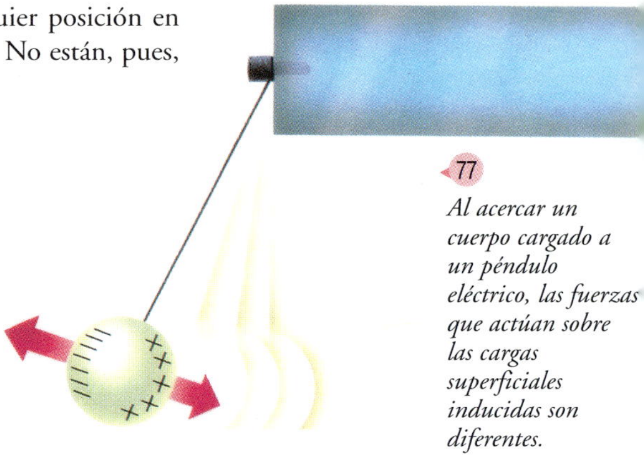

77

Al acercar un cuerpo cargado a un péndulo eléctrico, las fuerzas que actúan sobre las cargas superficiales inducidas son diferentes.

Dieléctricos

En un cuerpo no conductor (dieléctrico), los electrones están unidos a sus átomos o agregados atómicos, sin posibilidad de desplazarse libremente por el interior del cuerpo. Sin embargo, al acercar un campo eléctrico, se produce una reorientación de las cargas alrededor del punto de equilibrio de cada átomo, lo que provoca la aparición de cargas de signos opuestos en los extremos del cuerpo (fig. 79).

78

En un conductor metálico, los electrones libres se mueven en todas direcciones. Cuando un campo eléctrico actúe sobre ellos, se desplazarán en el mismo sentido. Si el conductor está aislado, se acumulan electrones en un extremo.

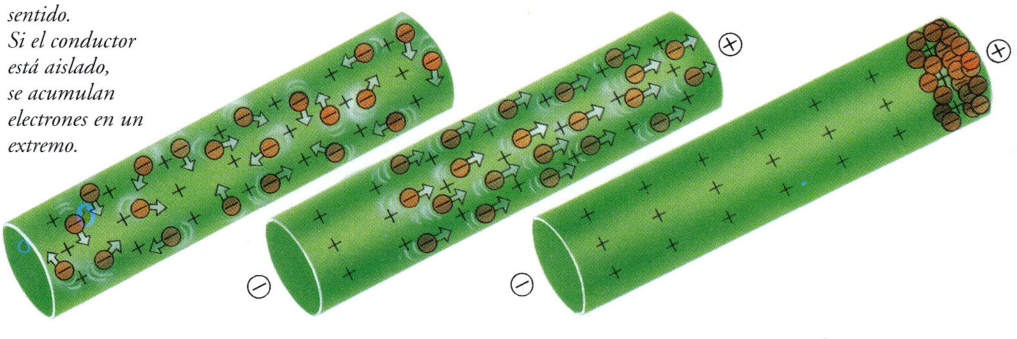

79

Acción de un campo eléctrico sobre los cuerpos no conductores. Si las moléculas del cuerpo tienen polaridad eléctrica, se orientan siguiendo las líneas de campo. Si las partículas componentes tienen simetría esférica, el campo induce en cada una de ellas un significativo desplazamiento de la carga.

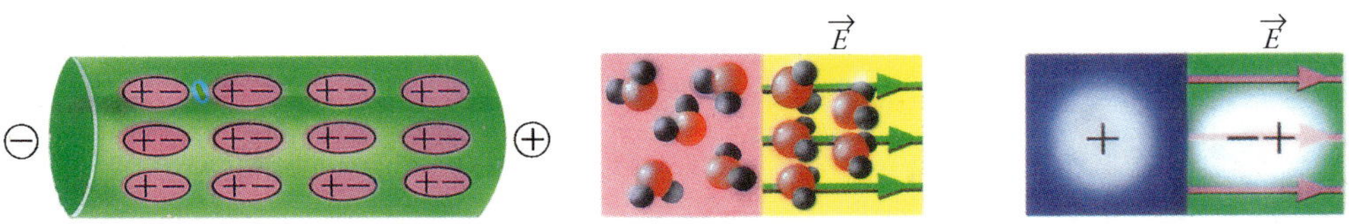

Capacidad

Existe una relación entre la carga Q que suministramos a un cuerpo y el potencial V que adquiere. Si el cuerpo es un conductor, las cargas elementales se repelerán entre sí y tenderán a ocupar las

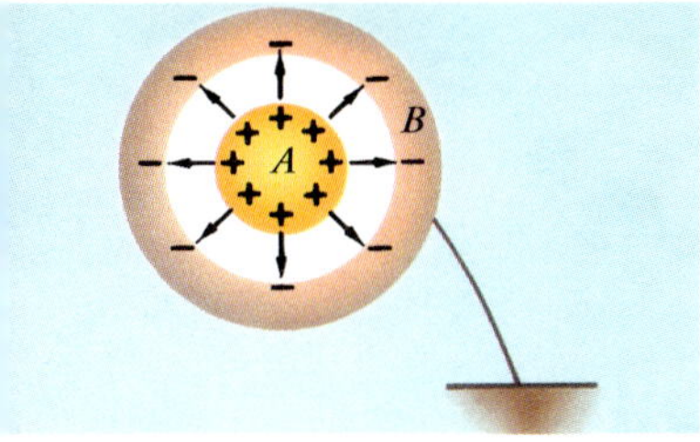

80

Entre los dos cuerpos conductores de la figura existe una influencia total: todas las líneas de campo que salen de A van a parar a B. La cara externa de B está conectada a tierra y, por consiguiente, la carga total del conjunto es cero.

posiciones más distantes posibles. Así pues, la carga suministrada se distribuirá de manera uniforme por toda su superficie, que alcanzará, de este modo, un determinado potencial. El cociente entre la carga suministrada y el potencial adquirido es característico del cuerpo, y recibe el nombre de capacidad del conductor (C):

$$C = \frac{Q}{V}$$

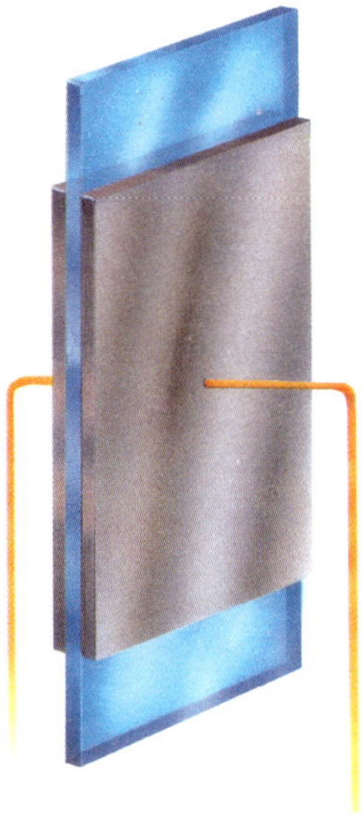

Condensadores

Si en las cercanías de un conductor cargado existe otro conductor que tiene carga de signo opuesto, el potencial del primero —o sea, el trabajo que nos costaría trasladar hasta él una carga de +1C— se verá reducido; tanto más, cuanto más cerca esté el segundo conductor. Así, su capacidad aumentará.

Cuando dos conductores, cargados con cargas opuestas, están dispuestos de manera que todas las líneas de campo que parten del conductor positivo van a parar al negativo, se dice que entre ellos existe influencia total (fig. 80). El conjunto de los dos conductores es un condensador; y cada conductor, una de sus armaduras.

En los condensadores, la capacidad es igual a la carga Q de la armadura positiva (si la influencia es total, la carga de la armadura negativa será $-Q$) partida por la diferencia de potencial ($V-V'$) creada entre las dos armaduras.

Un caso habitual es el de un condensador formado por dos láminas metálicas muy próximas y separadas por una sustancia no conductora (cuya constante dieléctrica sería ε). La capacidad de este condensador plano (fig. 81) sería proporcional a ε y al área S de las armaduras, e inversamente proporcional a la distancia entre ellas, según la expresión:

$$C = \varepsilon \frac{S}{D}$$

El farad (F), unidad de capacidad (1 farad = 1 coulomb / 1 volt), es demasiado grande para los condensadores habituales, por lo que se utilizan como unidades el nF (nanofarad = 1F / 10^9) y el pF (picofarad = 1F / 10^{12}).

81

Condensador plano.

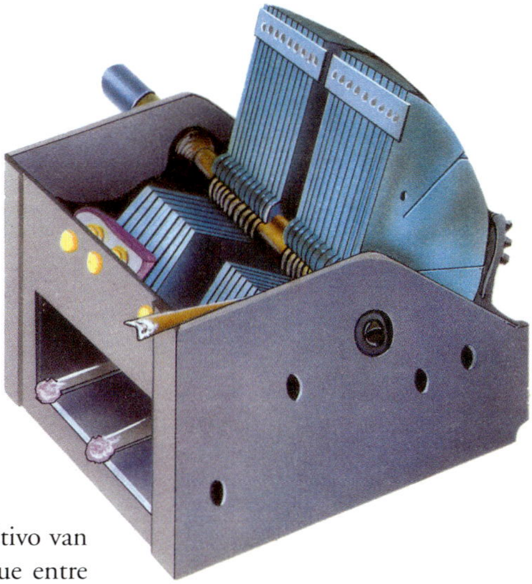

82

En un condensador variable, la capacidad depende de la superficie de las láminas que se enfrentan.

Energía de un condensador

El trabajo necesario para cargar un condensador (extraer carga de la armadura negativa y trasladarla hasta la positiva) queda acumulado en el sistema en forma de energía eléctrica, la cual puede ser utilizada en el proceso de descarga. Esta energía acumulada en un condensador de capacidad C, que adquiere una diferencia de potencial $V-V'$ cuando lo cargamos con una carga Q, responde a la expresión siguiente:

$$W = \frac{1}{2} Q \cdot (V-V') = \frac{1}{2} C \cdot (V-V')^2 = \frac{1}{2} \frac{Q^2}{C}$$

Corriente eléctrica: conducción

Hemos visto cómo un campo eléctrico provocaba, en el interior de un conductor, un desplazamiento de los electrones. Este movimiento de cargas constituye, en tanto que dura, una corriente eléctrica cuya intensidad (i) es igual a la carga (q) que atraviesa una determinada sección del conductor en una unidad de tiempo (t): $i = q/t$. La unidad de intensidad de corriente en el SI es el ampere (A), que corresponde al paso de 1 coulomb en 1 segundo.

Debemos tener en cuenta que las cargas móviles son electrones, cargas negativas, y que, por lo tanto, se mueven en sentido contrario al campo eléctrico (E) que crea la corriente. Este movimiento coincide, desde el punto de vista estrictamente eléctrico, con el movimiento de cargas positivas en el mismo sentido del campo. Por este hecho es por lo que, convencionalmente, a la intensidad se le asigna el mismo sentido del campo (fig. 83).

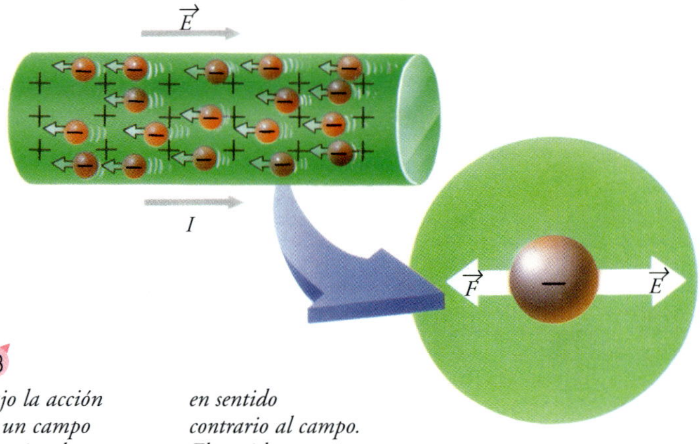

83

Bajo la acción de un campo eléctrico, los electrones libres de un conductor metálico sufren una fuerza que los desplaza en sentido contrario al campo. El sentido convencional de la corriente producida coincide con el del campo.

Generadores

Si pretendemos conseguir que la corriente eléctrica no sea un fenómeno esencialmente transitorio, debemos mantener las condiciones mencionadas al inicio. Los generadores se encargan de este cometido, puesto que cumplen las dos condiciones:

— crean y mantienen un campo eléctrico en el interior del conductor;

— extraen por un extremo del conductor los electrones que se irían acumulando y suministran electrones por el otro extremo, donde serían deficitarios.

Las pilas y las dinamos son generadores de corriente, así como las baterías de acumuladores, las cuales ceden la energía anteriormente acumulada.

En todos estos casos, el sentido de la corriente producida se mantiene en todo momento: es corriente continua. La corriente que se distribuye a través de la red eléctrica es corriente alterna, y los generadores que la producen son los alternadores.

Ley de Ohm

Si aplicamos entre los extremos de un conductor una diferencia de potencial o tensión cuyo valor $V\text{-}V'$ podamos variar a voluntad, podremos comprobar que el cociente $(V\text{-}V')$ / I

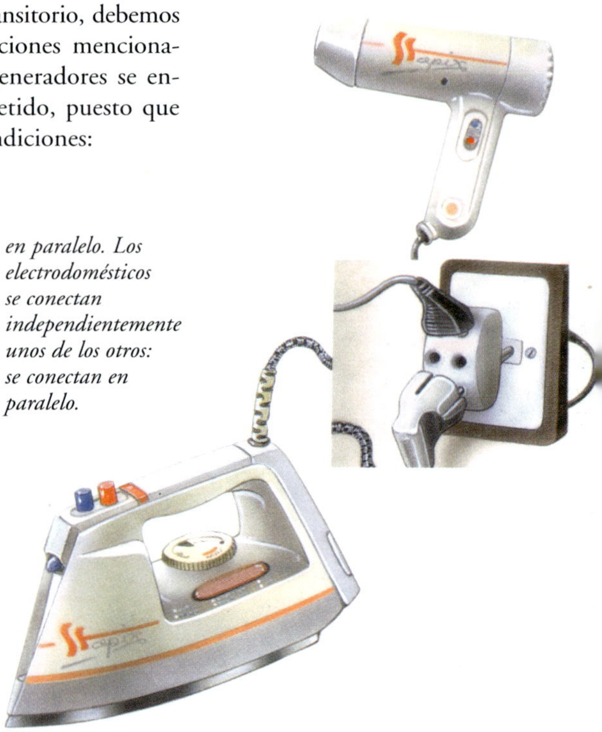

85

Cuando entre dos puntos de un circuito conectamos a la vez dos o más conductores, estamos realizando una conexión en paralelo. Los electrodomésticos se conectan independientemente unos de los otros: se conectan en paralelo.

84

Dos conductores están conectados en serie cuando al estar unidos entre sí por un extremo, circula por ellos la misma intensidad. Las bombillas del árbol de Navidad están conectadas en serie.

86
Para comprobar la ley de Ohm, el voltímetro se conecta entre los extremos del conductor, en paralelo con él, y el amperímetro, en serie. El generador crea una tensión variable que puede modificarse a voluntad.

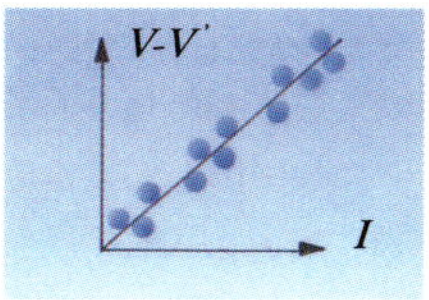

87
Expresión gráfica de la ley de Ohm. Si trasladamos a un diagrama (V-V')/I los pares de valores del voltímetro y del amperímetro de la figura anterior, aparece una línea recta que pasa por el origen.

es constante mientras no cambiemos el conductor. Este hecho constituye la ley de Ohm, que podemos enunciar diciendo que la intensidad de la corriente que circula por un conductor es directamente proporcional a la diferencia de potencial aplicada a sus extremos.

Para medir la tensión aplicada entre dos puntos se utiliza un voltímetro, y la intensidad de corriente se mide mediante un amperímetro. La conexión operativa de dichos aparatos se hace como en la figura 86.

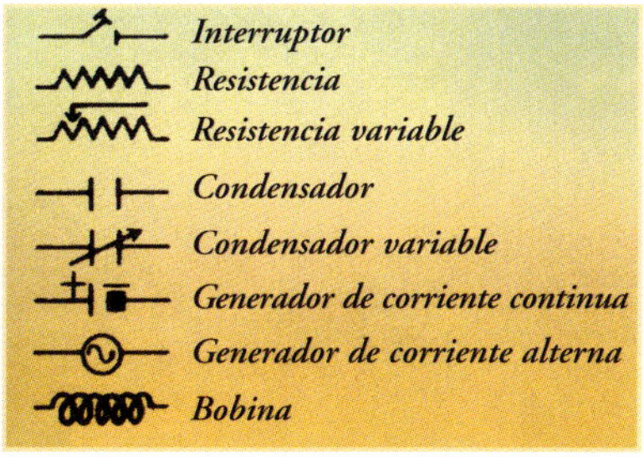

88
Representación simbólica de componentes eléctricos utilizados en un circuito teórico.

Resistencia eléctrica

El cociente (*V-V'*) / *I* define una nueva magnitud llamada *resistencia eléctrica*, que indica la oposición que un conductor ofrece al paso de la corriente. Su unidad en el SI es el ohm (Ω) y equivale a la resistencia de un conductor tal que, si aplicamos una diferencia de potencial entre sus extremos de 1 V, circula por él una intensidad de 1 ampere.

La resistencia de un conductor es directamente proporcional a su longitud (*l*) e inversamente proporcional a su sección (*s*). Las características de la sustancia que lo forman se reflejan en la *resistividad* o *resistencia específica* (ρ), que se mide en Ω · m:

$$R = \rho \frac{l}{s}$$

El valor de la resistividad oscila entre el de las sustancias conductoras (del orden de 10^{-8} Ω · m) y el de los aislantes (alrededor de 10^{14} Ω · m).

La resistividad de los conductores aumenta con la temperatura, puesto que la agitación térmica de las partículas del metal dificulta cada vez más la circulación de las cargas eléctricas. A temperaturas cercanas al cero absoluto aparece, en una amplia gama de materiales, el fenómeno de la superconductividad, que consiste en una brusca caída de la resistividad hasta anularse. Algunas aleaciones metálicas y materiales cerámicos alcanzan el estado superconductor a temperaturas más elevadas. Este fenómeno permite mantener indefinidamente una corriente inducida en un circuito formado por dichos materiales.

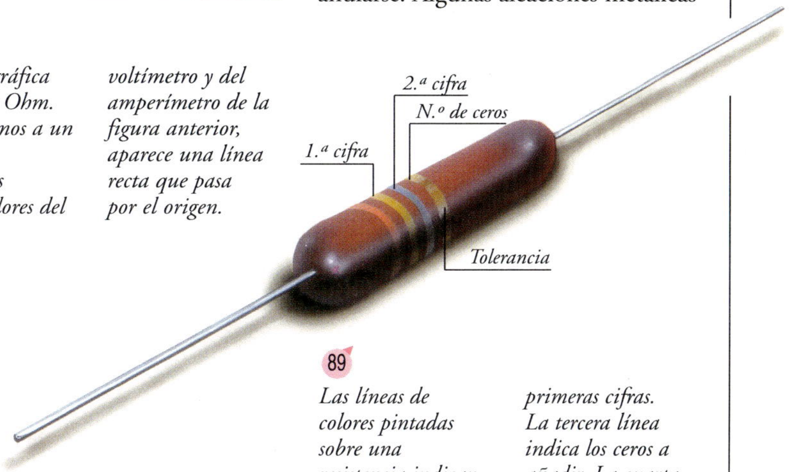

89
Las líneas de colores pintadas sobre una resistencia indican su valor: las dos primeras líneas son las dos primeras cifras. La tercera línea indica los ceros a añadir. La cuarta es la tolerancia: dorado 5 % y plateado 10 %.

0	Negro
1	Marrón
2	Rojo
3	Anaranjado
4	Amarillo
5	Verde
6	Azul
7	Violeta
8	Gris
9	Blanco

90
Código de colores.

Corriente eléctrica: energía

La energía comunicada a una carga q por un campo eléctrico que la traslada entre dos puntos A y B de un circuito, es igual al producto de la carga por la diferencia de potencial (V_A - V_B). Así, cuando un conductor de resistencia R tiene sus extremos conectados a una tensión V y, por lo tanto, circula por él una intensidad i, consume una energía igual a $W = V \cdot i \cdot t$. Si calculamos la energía por unidad de tiempo —es decir, la potencia P— obtendremos las siguientes expresiones equivalentes:

$$P = V \cdot i = i^2 \cdot R = V^2/R$$

Efecto Joule

¿Qué ocurre con esta energía? Si consideramos una corriente estable, debe salir del conductor, puesto que las cargas no se aceleran. La pérdida de energía potencial que experimentan las cargas es absorbida por los choques de éstas con los restos atómicos del conductor, que aumentan así su agitación térmica: el conductor se calienta. La energía eléctrica se disipa en forma de calor, lo cual constituye el efecto Joule. Este efecto es aprovechado en multitud de aparatos productores de calor de uso muy corriente, tales como estufas, planchas, cocinas, etc. Así mismo, como los cuerpos a altas temperaturas emiten radiación luminosa, el efecto Joule es aprovechado en las lámparas de incandescencia, en las cuales un hilo conductor de muy alto punto de fusión, colocado en una atmósfera inerte, emite luz cuando es recorrido por la corriente eléctrica.

Cuando la intensidad de la corriente que circula por un circuito no deba sobrepasar un determinado valor para no dañar los elementos, se intercala un pequeño conductor de bajo punto de fusión que, en caso de que sea necesario, corta la corriente: es el fusible.

La energía eléctrica consumida es producida por el generador. Además del efecto Joule, otros efectos útiles permiten la transformación de dicha energía. El efecto químico es utilizado en la electrólisis (ver *Corriente eléctrica: conducción*); y las fuerzas magnéticas, que aparecen relacionadas con la circulación de la carga eléctrica, se aprovechan en los motores, en los cuales la energía eléctrica se transforma, finalmente, en energía mecánica.

La red eléctrica

Vamos a observar el proceso de producción, transporte y utilización de la corriente eléctrica, sea industrial o doméstica. La corriente alterna varía continuamente el sentido de su intensidad (100 veces por segundo; 120 en algunos países). La producción se realiza generalmente en gran escala. Las centrales de producción utilizan, como energía primaria, la del agua, ya se encuentre embalsada (centrales hidroeléctricas) o esté en movimiento (sean las mareas o las olas del mar), el viento (centrales eólicas), la energía térmica obtenida de los combustibles, sean éstos fósiles (centrales térmicas) o nucleares, etc.

En todos los casos, la energía cinética conseguida se transforma en energía de rotación mediante una turbina que, a su vez, hace que gire el rotor de un alternador, entre cuyos bornes aparece una tensión. En general, la tensión de salida de la corriente producida por las centrales eléctricas está entre 5 y 30 kV. En la propia central se eleva, mediante un conjunto de transformadores, hasta valores que pueden llegar a los 380 kV, lo cual facilita su transporte, a través de la red de alta tensión, a los centros de distribución. En éstos, otra serie de transformadores reducen escalonadamente los valores de la tensión hasta los habituales en usos domésticos (125 a 220 V) o industriales (220 V o 380 V).

Generalmente, todas las centrales eléctricas están conectadas a una red única que las interrelaciona a través de estaciones de enlace y que abarca grandes extensiones de territorio, de diversos Estados, para evitar los desequilibrios en el consumo o en la producción que localmente se puedan producir.

91
Interior de una central hidroeléctrica.

92
Para reducir las pérdidas de energía por calentamiento, y dado que no es conveniente aumentar la sección del hilo, se transporta la corriente a alta tensión. Al aumentar el potencial, la intensidad disminuye en la misma proporción y la pérdida de energía es menor (la potencia disipada es proporcional al cuadrado de la intensidad).

Corriente eléctrica en los líquidos

Cuando hablamos de conductores eléctricos nos referimos, habitualmente, a hilos de cobre, puesto que, en el proceso de transporte de la corriente, se utilizan conductores de este tipo. Sin embargo, sabemos que los metales, en general, son buenos conductores, y también comprobamos cómo la humedad puede transformar en conductores cuerpos considerados como aislantes. Analicemos el comportamiento de los líquidos y las sustancias disueltas frente a la corriente eléctrica.

Electrólitos

La estructura de un buen número de sustancias sólidas se mantiene debido al equilibrio entre el conjunto de las fuerzas electrostáticas —atractivas y repulsivas— que existen entre los iones de que están formadas. Estas cargas mantienen su posición y el cuerpo aparece eléctricamente neutro. Si lo conectamos entre dos puntos de un circuito, no circulará la corriente.

Para dotar de movilidad a estas cargas, debe desaparecer la estructura de sólido y, por lo tanto, romperse las uniones entre los iones. Si aumentamos su temperatura, se llegará al punto de fusión, y así, las cargas del cuerpo, ahora líquido, gozarán de libertad de movimiento. Del mismo modo, si disolvemos en un líquido adecuado una porción de sólido, los iones procedentes de éste estarán libres para desplazarse por el interior del disolvente. Los cuerpos que realizan estos procesos de producción de cargas libres en los líquidos se denominan *electrólitos* y, además de los compuestos iónicos, pueden ser ácidos, sales, hidróxidos...

Conducción en los líquidos

Un campo eléctrico establecido en una solución electrolítica actuará sobre las cargas libres y producirá un desplazamiento conjunto de ellas, de manera que podremos detectar el paso de corriente a través del líquido. Los electrodos utilizados en una cuba electrolítica se llaman *ánodo* (+) y *cátodo* (–), y deben ser químicamente inactivos; los más usados son hilos de platino.

Una vez establecido el campo, los iones con carga negativa se desplazarán lentamente hacia el ánodo, debido a lo cual se les denomina *aniones.* Los iones con carga positiva (*cationes*) se dirigirán en sentido contrario, es decir, hacia el cátodo. Se producirá, pues, una doble corriente, que podremos detectar en el circuito exterior (fig. 93).

A menudo, cuando un catión llega al cátodo, recibe de éste uno o más electrones procedentes del circuito exterior, mientras que los aniones pueden ceder al ánodo aquellos electrones que les sobren para quedar eléctricamente neutros.

Ya en 1833, Michel Faraday observó que el agua pura es aisladora, pero no lo son las disoluciones de ciertas sustancias en agua. Si dos electrodos conectados a los bornes de un generador de corriente continua se introducen en un vaso con agua destilada, no apreciaremos paso de corriente. Bastará con disolver pequeñas

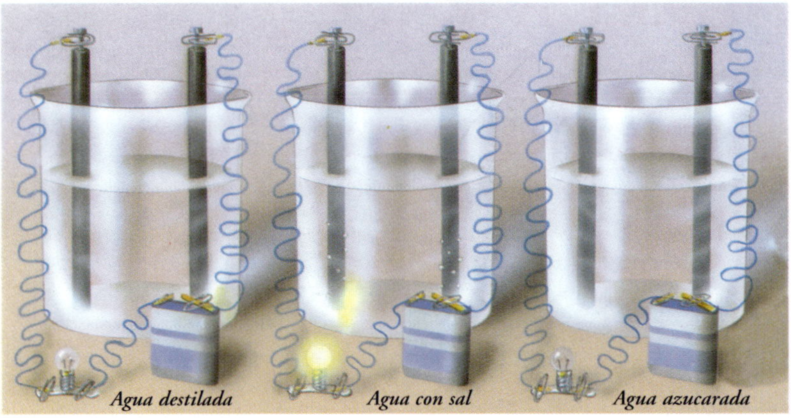

93

El agua destilada está disociada débilmente y, por ello, no contiene suficientes iones para que se produzca un paso apreciable de corriente. Al disolver en ella un electrólito (sal) se evidencia corriente en el circuito exterior. Si la sustancia disuelta (azúcar) no se disocia, sigue sin conducir.

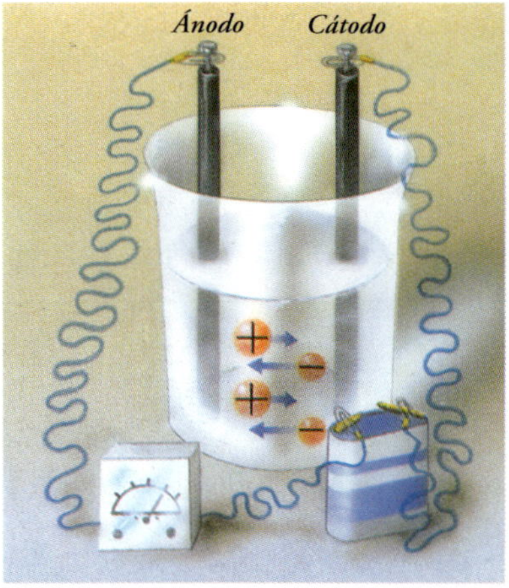

94

En una cuba electrolítica, los iones se mueven con una velocidad muy pequeña y en sentidos contrarios según su signo. La velocidad de los aniones y los cationes no es la misma.

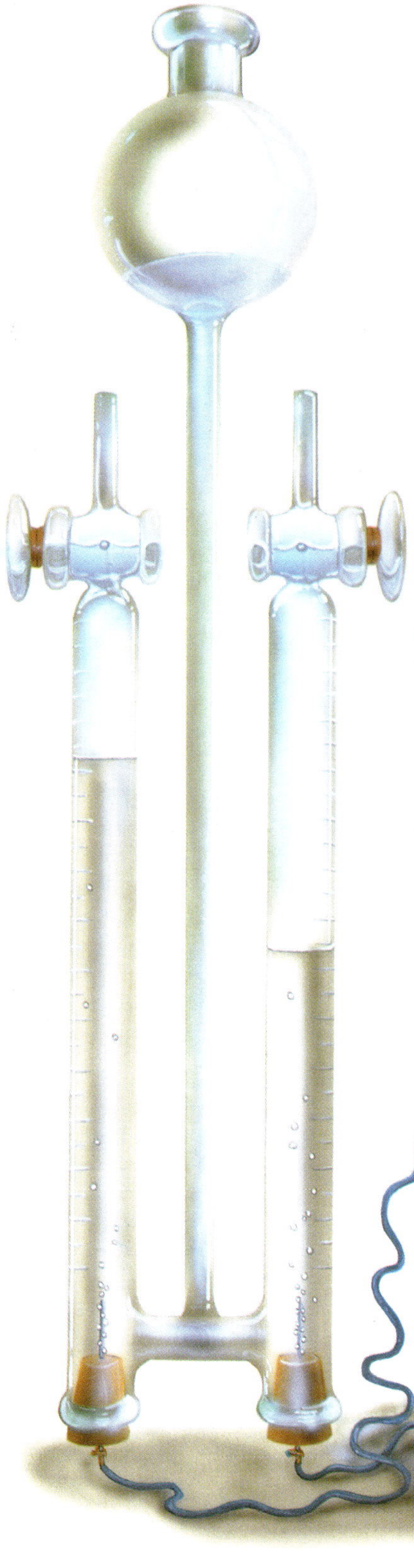

cantidades de sal o de ácido sulfúrico para que tengamos oportunidad de observar una cierta intensidad de corriente eléctrica.

El fenómeno de la conducción de la corriente eléctrica por un líquido recibe el nombre de *electrólisis* y va acompañado por ciertos efectos químicos. Si el electrólito disuelto contiene cationes metálicos, se puede producir una deposición de metal en el cátodo, usando electrodos adecuados.

En el caso del agua acidulada (con unas pocas gotas de un ácido) aparecerán unas burbujas de gas alrededor de los electrodos de platino. Se trata de hidrógeno (en el cátodo) y oxígeno (en el ánodo) que, al ser gases, se deberán recoger sobre agua en unos tubos de ensayo invertidos (fig. 95).

Pila electroquímica

Un dispositivo parecido, pero de funcionamiento inverso, es la pila voltaica. Dos electrodos de materiales diferentes, colocados en dos puntos de un electrólito adecuado, pueden interactuar químicamente con el líquido o las sustancias en él disueltas, de manera que se produzca una corriente que, a través de ellos, pueda circular por un circuito externo. Cada uno de los electrodos químicamente activos realiza un intercambio de iones y electrones con la solución, y el sentido de la corriente externa depende del sentido y las velocidades respectivas con que hagan dicho intercambio.

En la pila Daniell —un ejemplo sencillo—, los electrodos de cinc y cobre están, respectivamente, en disoluciones, comunicadas entre sí, de sulfato de cinc y sulfato de cobre. El cinc extrae los electrones de la disolución hacia el exterior en tanto que el cobre los introduce.

Los acumuladores de plomo —las baterías— tienen un comportamiento similar, y el funcionamiento de las pilas habitualmente utilizadas también se basa en el mismo fenómeno.

95

En la electrólisis del agua acidulada se desprende el doble de volumen de hidrógeno en el cátodo que de oxígeno en el ánodo. La reacción química tiene lugar al consumirse la energía eléctrica suministrada por el generador.

96

En la pila electroquímica, las semirreacciones que se producen en los electrodos generan una energía eléctrica que puede ser utilizable en el circuito exterior.

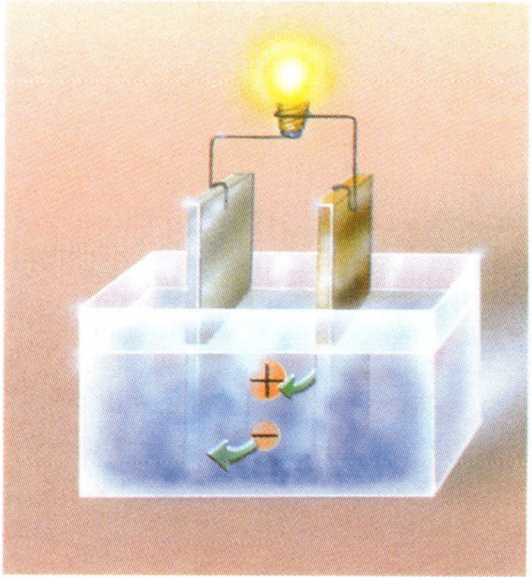

El campo magnético

Los imanes están presentes, en nuestra vida diaria, en infinidad de instrumentos, objetos y utensilios; desde cierres de puertas a altavoces, motores o, simplemente, sujetapapeles. El fenómeno de la atracción de objetos de hierro es conocido desde antiguo. Su mismo nombre procede de la ciudad de Magnesia, en Asia Menor, uno de los lugares donde se encontraba la magnetita, un mineral con magnetismo natural.

Si acercamos a un pedazo de magnetita un objeto de hierro, éste adquiere también magnetismo (fig. 98). En ciertos casos —por ejemplo, si el objeto es de acero— mantendrá las propiedades magnéticas adquiridas y se convertirá en un imán permanente.

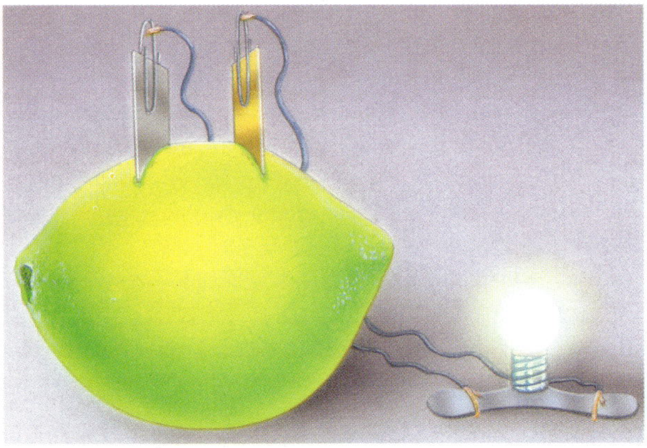

97
El jugo de un limón constituye una solución electrolítica —de ácido cítrico—. Con dos láminas de cobre y cinc introducidas en él puede producir corriente.

98
En presencia de un imán, los objetos de hierro se convierten, a su vez, en imanes, y atraen a otros objetos.

Los imanes atraen, además de hierro, cobalto y níquel, así como disprosio y gadolinio —menos abundantes— y una multitud de aleaciones entre ellos y otros materiales.

Un imán artificial presenta mayor efecto magnético en los extremos (polos). Si aproximamos entre sí los polos de dos imanes, comprobaremos que, en ciertos casos, en lugar de atraerse, se repelen.

Para determinar los efectos mutuos de dos imanes, haremos que uno de ellos sea móvil: una pequeña aguja imantada que pueda girar horizontalmente sobre su centro nos servirá. Existen documentos que prueban que, ya en el siglo II, se sabía en China que una aguja magnética, alejada de imanes, se orienta en una dirección que coincide muy aproximadamente con la N/S geográfica. El extremo que señala hacia el norte geográfico recibe el nombre de polo norte magnético; y el opuesto, sur. Así, se evidencia que la Tierra genera un campo magnético que, en estos momentos, tiene el polo norte magnético cerca del sur geográfico y viceversa (fig. 99).

99
Una brújula —aguja magnética libre para girar en un plano horizontal— señala hacia el polo sur magnético de la Tierra, próximo al norte geográfico.

Cuando se estudia el comportamiento de una aguja imantada en presencia de otro imán, se comprueba que polos del mismo nombre se repelen, y polos de distinto nombre se atraen.

100
Una aguja magnética que gire en un plano vertical se orienta formando un ángulo —la declinación magnética— que indica la dirección de las líneas de inducción del campo magnético terrestre en el punto que se considera.

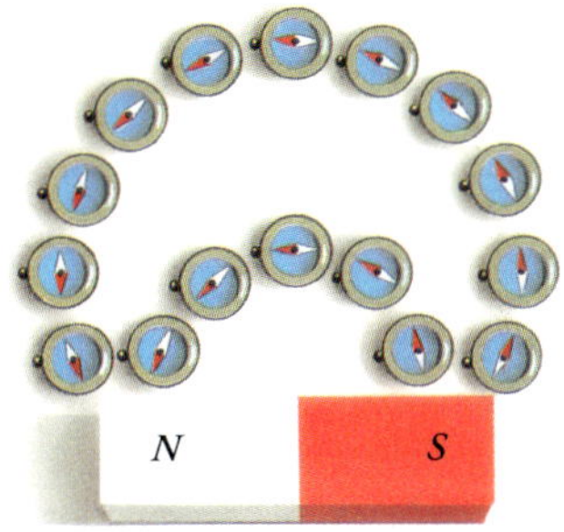

101
Diversas agujas magnéticas alrededor de un imán determinan en cada punto la dirección y el sentido del vector B.

102
Las líneas de inducción de un campo magnético son cerradas: salen del polo N y van al S.

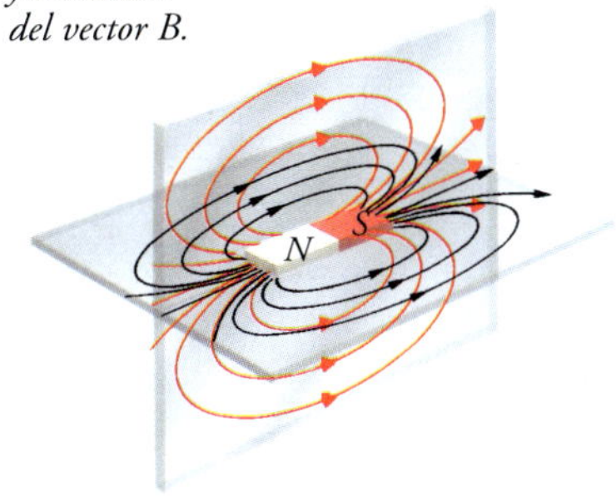

Los dos polos de un imán no son independientes entre sí; es decir, no pueden ser aislados. Si cortamos un imán por la mitad, aparecen dos imanes, cada uno de ellos con sus polos norte y sur. Éste es un proceso que puede reproducirse indefinidamente (fig. 103).

Campo magnético

El espacio próximo a un imán, en el cual se manifiestan fuerzas magnéticas sobre una aguja imantada, recibe el nombre de *campo magnético.* Si desplazamos una aguja magnética alrededor de un imán, adoptará diferentes direcciones según la posición. Así definimos el vector $\vec{B}$ —vector inducción magnética o campo magnético—, cuya dirección coincide con la de la aguja y cuyo sentido va de S a N de la misma. Como en el caso del campo eléctrico consideraremos las líneas de inducción magnética, aquellas para las cuales *B* les es tangente en todos sus puntos (fig. 101). Cuanto mayor es la concentración de líneas de inducción, mayor es la intensidad del campo.

La unidad utilizada para medir el valor de los campos magnéticos en el SI es el tesla (T), que se define en el apartado *Acción del campo magnético.* A menudo se utiliza una unidad menor, el gauss (G), tal que 10^4G = 1T, dado que el valor del campo magnético terrestre es del orden de 1G.

103
Si un imán se rompe no se separan los polos, sino que se crean dos imanes con sus polos N y S respectivos, y así sucesivamente.

104
La representación de un campo magnético requiere una disposición tridimensional. En la figura se observa cómo se representan las líneas de inducción que salen del papel hacia el lector y las que penetran en el papel hacia atrás, respectivamente.

Espectros magnéticos

Una manera de poner de manifiesto un campo magnético consiste en cubrir el imán con una cartulina y espolvorear por encima limaduras de hierro, las cuales se disponen siguiendo las líneas del campo. Los espectros magnéticos así producidos permiten diferenciar los polos del imán y las zonas neutras (fig. 105).

Flujo magnético

El estudio en profundidad de los campos magnéticos se ve facilitado con la definición de una nueva magnitud: el *flujo magnético.* Si las líneas de un campo *B* constante son perpendiculares a una determinada superficie *S*, el flujo Φ a través de ella será: $\Phi = B \cdot S$. Si S no es perpendicular a *B*, la superficie eficaz se obtiene multiplicando *S* por el seno de φ, siendo φ, el ángulo que separa a *S* de la perpendicular a *B*. La unidad de flujo magnético es el weber (Wb) y corresponde al flujo que atraviesa una superficie plana de 1 m^2 debido a un campo magnético constante y perpendicular a *S* y de intensidad 1T: $1\text{Wb} = 1\text{T} \cdot 1\text{m}^2$.

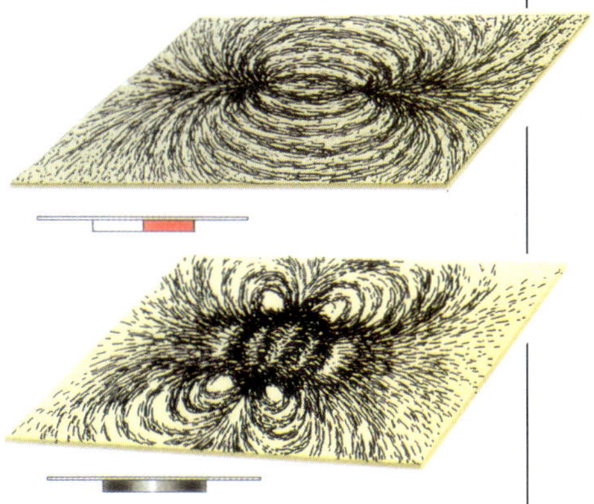

105
Espectros magnéticos producidos por limaduras de hierro. Para un imán recto quedan evidentes sus dos polos, mientras que los imanes de ferrita pueden tener dos polos en la misma cara o, incluso, diversos pares de polos.

Creación de campos magnéticos

En el capítulo anterior hemos descrito las características que presentan los campos magnéticos. Para comprender su origen, su comportamiento y su relación con las cargas eléctricas móviles, concentraremos el estudio en dos partes diferenciadas: cómo se crea un campo magnético y cuál es la acción de los campos sobre la corriente eléctrica.

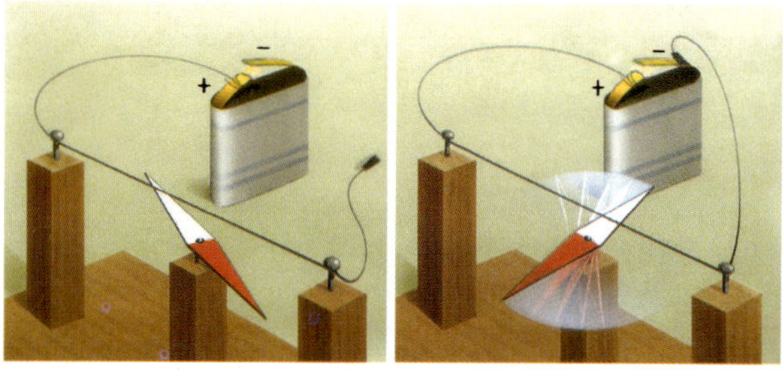

106
El paso de una corriente continua por un conductor produce efectos magnéticos que se ponen de manifiesto mediante una aguja imantada.

Experiencia de Oersted

En 1819, el físico danés Hans Christian Oersted puso de manifiesto que una aguja imantada, en las proximidades de un conductor, se desviaba de su posición al circular una corriente eléctrica por el hilo, y que el sentido del giro se invertía al variar el sentido de la corriente (fig. 106).

Los cálculos posteriores de Ampère, Biot, Savart y otros, permitieron determinar el valor del campo magnético B creado por una corriente de intensidad I que circula por un conductor rectilíneo indefinido, en un punto situado a una distancia d del hilo conductor según la ley de Biot y Savart:

$$B = 2k\frac{I}{d}$$

donde k es una constante que, en el vacío, vale 10^{-7} weber/ampere × metro (Wb/A · m) y que se acostumbra a presentar en la forma $k = \frac{\mu_o}{4\pi}$ donde μ_o es la permeabilidad magnética del vacío. La permeabilidad magnética indica el comportamiento de una sustancia sometida a un campo magnético. La expresión anterior se aplica a los campos creados en el interior de una sustancia cualquiera con permeabilidad magnética μ:

$$B = \frac{\mu}{2\pi} \cdot \frac{I}{d}$$

La dirección y el sentido de $\vec{B}$ quedan explicitados en la figura 107.

Espira

Si queremos reforzar el campo creado por la corriente, empezaremos doblando el hilo en forma de espira. El valor de la inducción en el centro será mayor; y las líneas del campo penetrarán por la que será la cara sur de la espira y saldrán por la cara norte, de

107
Existen diversos métodos nemotécnicos para encontrar el sentido de las líneas de inducción magnética del campo creado por una corriente rectilínea.

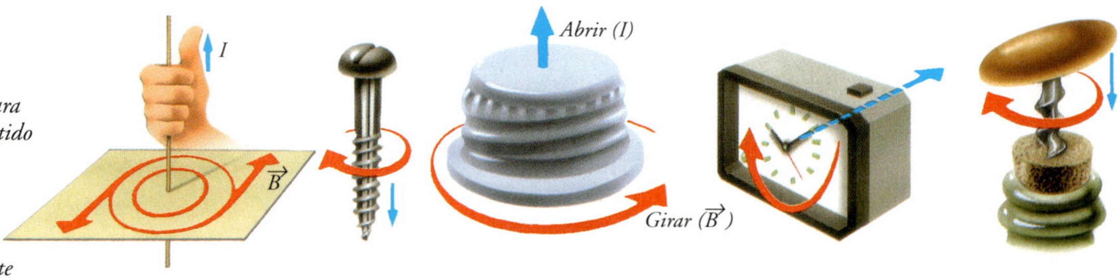

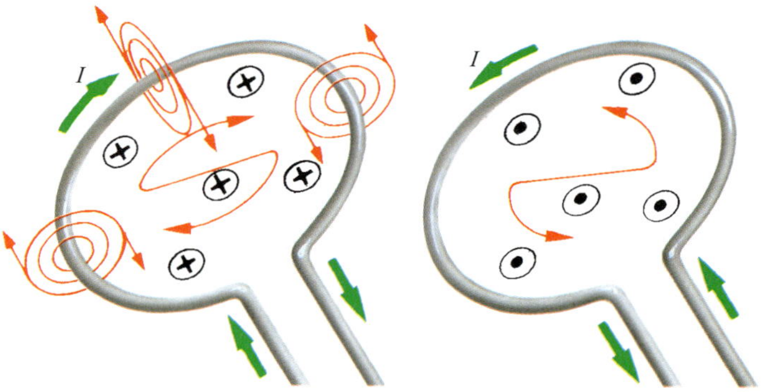

108
Campo creado por una espira. Según el sentido de la corriente podemos saber si estamos mirando su cara norte o la sur.

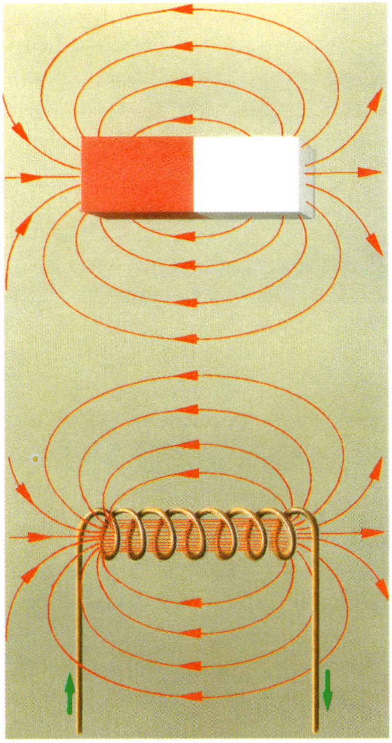

109 *Las líneas de inducción del campo magnético creado por un solenoide se asemejan externamente a las de un imán recto. El campo situado en el interior de las espiras es mucho mayor, y constante en todos los puntos.*

tal manera que la espira quedará convertida en un imán (fig. 108).

Solenoide

Si reunimos varias espiras, se forma un solenoide. El campo creado por una espira individual se refuerza con el de las otras, de manera que el resultado producido es un campo uniforme en el interior del solenoide, que depende de lo apretadas que se encuentren las espiras (fig. 109).

Si queremos conseguir campos más intensos, podemos construir un electroimán, que consiste en un solenoide en cuyo interior se halla una barra de hierro. Como la permeabilidad magnética del hierro es mucho mayor que la del aire, el resultado que se obtenga será un campo magnético mucho más intenso.

Campo creado por una carga móvil

Hemos comprobado que una corriente eléctrica crea un campo magnético. Consideraremos a continuación el campo creado por una carga individual en movimiento. El campo B depende del valor q de la carga en movimiento, de su velocidad v y de su distancia r al punto considerado, según la expresión:

$$B = k\,\frac{q \cdot v \cdot \sin \varphi}{r^2}$$

siendo φ el ángulo que forman $\vec{r}$ y $\vec{v}$. El valor de B en un punto dado varía con el tiempo, puesto que la carga que lo crea se mueve. La dirección y el sentido de B se pueden deducir de las figuras 110 y 111. Además, consideraremos que si las partículas que se mueven son electrones, el campo tendrá sentido opuesto.

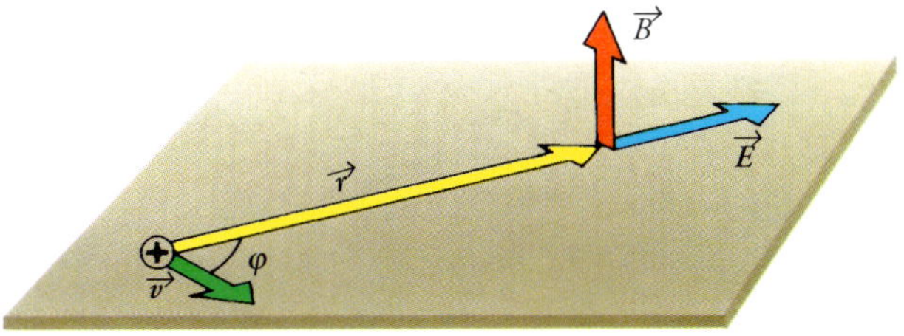

110 *Una carga eléctrica positiva que se desplaza crea un campo magnético en dirección y sentido como en el dibujo. No hay que olvidar que se crea también un campo eléctrico en dirección radial.*

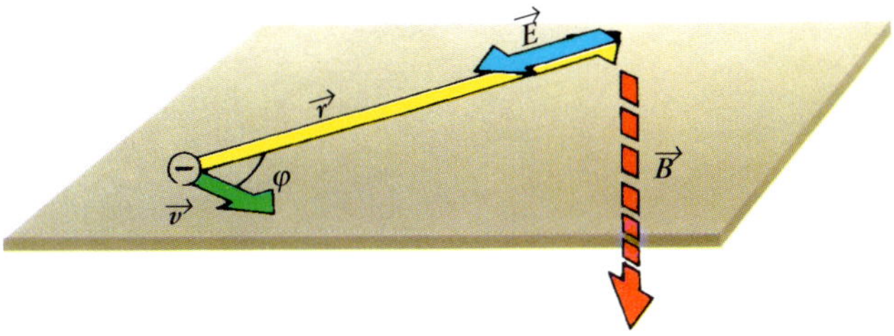

111 *Los campos creados por una carga negativa en movimiento tienen sentidos contrarios a los creados por una carga positiva.*

Cómo un imán crea un campo magnético

En un cuerpo cualquiera, el movimiento de los electrones alrededor de los núcleos de los diversos átomos no tiene direcciones privilegiadas, por lo que el campo magnético creado por cada uno de ellos variará rápidamente y será muy difícil de detectar. Existen, sin embargo, algunas sustancias en las que la suma de los campos creados por los electrones de cada átomo los convierte en imanes elementales fijos, aunque el conjunto de todos los del cuerpo no sea observable a nivel macroscópico. Si conseguimos alinear un cierto número de ellos mediante la introducción del cuerpo en un campo magnético externo, obtendremos una suma de efectos que convertirán el cuerpo en un imán.

Acción del campo magnético

Hasta ahora hemos comprobado que los campos magnéticos son creados por corrientes eléctricas. Vamos a estudiar a continuación cómo actúa un campo magnético sobre la corriente. Para ello, imaginemos el siguiente experimento (fig. 112): un conductor flexible está situado perpendicularmente a las líneas de inducción de un campo magnético constante. Al circular la corriente, el conductor se mueve y, al invertir el sentido de la circulación, el movimiento se produce en sentido contrario. Esto evidencia la existencia de fuerzas creadas por el campo magnético sobre el conductor.

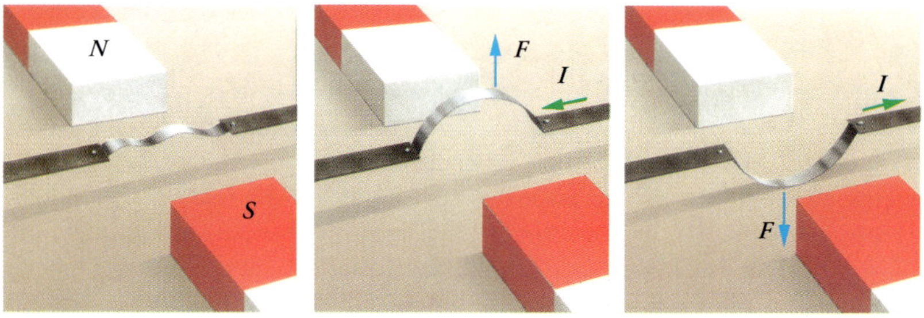

112
La fuerza magnética sobre un conductor flexible depende del sentido de la corriente.

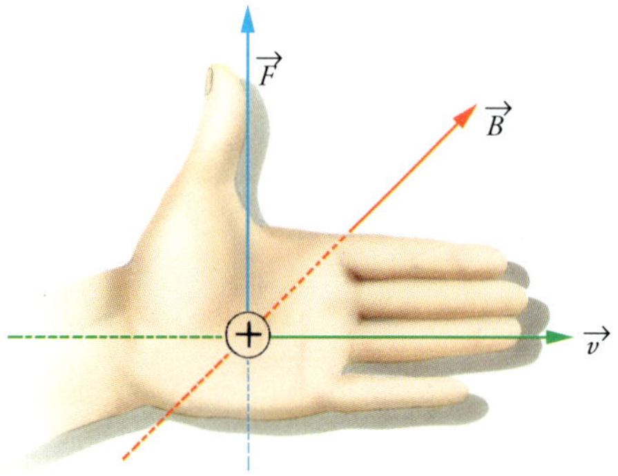

113
La fuerza magnética es perpendicular al conductor y al campo magnético, y cumple la regla de la mano izquierda.

La intensidad de la fuerza que ejerce un campo magnético B sobre un conductor perpendicular a las líneas de inducción por el que circula una intensidad I es proporcional a la longitud del hilo que se encuentra dentro del campo, según la ley de Laplace

$$F = I \cdot l \cdot B$$

En el caso de un conductor no perpendicular a las líneas del campo hay que añadir el factor sin φ, siendo φ el ángulo entre el hilo y B, de tal manera que la fuerza es nula para un conductor paralelo al campo. La fuerza tendrá una dirección perpendicular al hilo y al campo, y su sentido será el especificado en las figuras 113 y 114.

Fuerza magnética sobre una carga en movimiento

Una corriente eléctrica es un conjunto de cargas en movimiento. Si consideramos una única carga puntual q que se desplaza por el interior de un campo magnético con una velocidad v, la fuerza que el campo ejerce sobre ella tendrá por módulo:

$$F = q \cdot v \cdot B \cdot \sin \varphi$$

siendo φ el ángulo entre $\vec{v}$ y $\vec{B}$. Dicha fuerza, llamada deflectora, será perpendicular al campo y también a la velocidad, con lo que la trayectoria de la carga se curvará. En el caso de una carga que penetre normalmente en un campo uniforme, su trayectoria, en el interior del campo, será circular. Como la fuerza se mantiene siempre perpendicular a la trayectoria, el trabajo realizado por un campo magnético sobre una carga en movimiento será nulo. La expresión anterior permite definir el tesla como el campo magnético que ejerce una fuerza de 1 newton sobre una carga de 1 coulomb que se mueva perpendicularmente al campo con una velocidad de 1 metro por segundo ($1T = 1N/c \cdot m \cdot s^{-1}$).

Acciones mutuas entre dos corrientes paralelas

Sabemos, por el capítulo anterior, que una corriente eléctrica crea un campo magnético, y acabamos de comprobar que un campo magnético ejerce una fuerza sobre la corriente, con lo cual podemos considerar un efecto directo de corriente a corriente.

114
Una carga positiva que penetra en un campo magnético $\vec{B}$ describe una trayectoria curva. Si la carga fuese negativa, su curvatura tendría sentido opuesto.

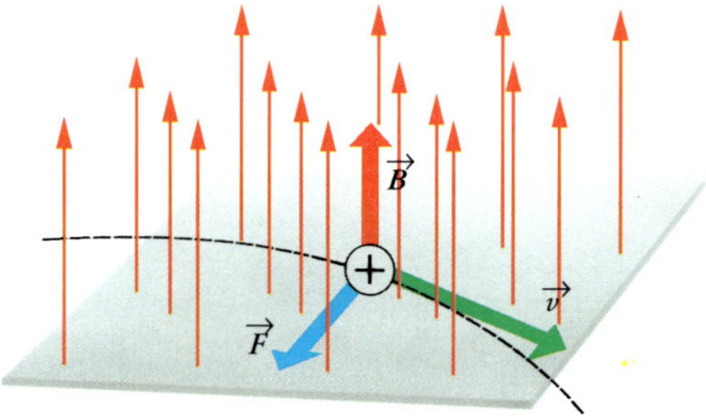

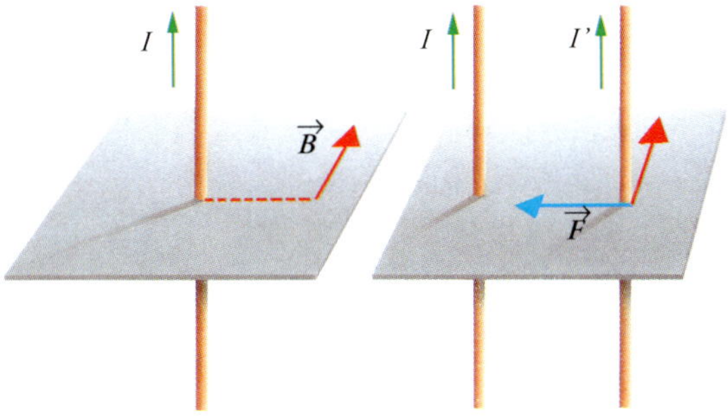

115
Una corriente I crea un campo magnético a su alrededor. Si en un punto del campo hay otra corriente I′, $\vec{B}$ efectúa una fuerza sobre ella.

116
Dos corrientes de intensidades paralelas se atraen. Si, por el contrario, los sentidos son distintos, las fuerzas serán mutuamente repulsivas.

Si disponemos dos conductores paralelos y recorridos por intensidades respectivas I_1 e I_2, cada uno de ellos crea un campo magnético en los puntos que ocupa el otro conductor, el cual, al ser recorrido por cargas eléctricas, se verá afectado por una fuerza magnética. Si las intensidades tienen el mismo sentido, las fuerzas magnéticas tenderán a acercar entre sí a los conductores, mientras que si los sentidos son contrarios, las fuerzas serán mutuamente repulsivas (fig. 116).

Aparatos eléctricos de medida

Al ser recorrida por la corriente, una bobina de hilo conductor crea un campo magnético cuya intensidad depende de la intensidad de corriente que circule por la bobina. Si construimos una bobina que pueda girar sobre un eje perpendicular al suyo propio y la colocamos dentro del campo creado por un imán, el dispositivo constituirá un galvanómetro de bobina móvil (fig. 118). Una aguja solidaria con la bobina se desplaza sobre una escala graduada al circular la corriente, indicando su intensidad. Es necesario disponer unos muelles que se opongan al giro y contra los cuales se hace la fuerza, para que devuelvan la aguja a cero al cesar la corriente.

La conexión de resistencias diversas en serie o en paralelo y el calibrado de las diferentes escalas con los valores correspondientes a cada montaje, permiten que un mismo galvanómetro sea utilizado como amperímetro o como voltímetro para valores muy diferentes.

Motor de corriente continua

Repasemos detalladamente el fenómeno ya conocido de una espira recorrida por la corriente y que gira por la acción de un campo magnético.

Las fuerzas sobre los segmentos verticales de la espira tendrán direcciones paralelas, pero sentidos opuestos. Si la espira tiene libertad de giro alrededor del eje, el par de fuerzas creado la hará girar hasta que se coloque paralelamente al campo. Si en este momento conseguimos invertir el sentido de la corriente, la espira no se detendrá y aparecerá otro par de fuerzas que mantendrá su movimiento.

Un motor de corriente continua (fig. 117) utiliza el fenómeno anterior aplicado a un devanado con muchas espiras, que reciben la corriente a través de unas escobillas en permanente contacto con una pieza llamada colector, cuyo diseño permite ir alternando el sentido de la intensidad que circulará por la bobina móvil. La energía eléctrica aparece finalmente como energía mecánica.

117
Motor de corriente continua. El campo magnético creado por el imán hace girar la bobina eléctrica. El colector invierte convenientemente el sentido de la corriente, con lo que el movimiento circular prosigue.

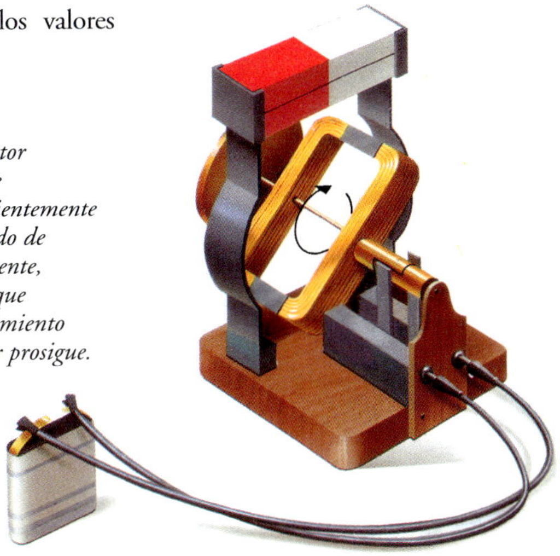

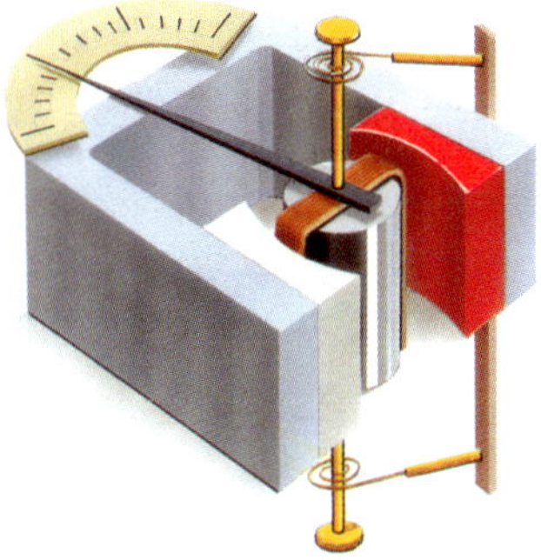

118
Galvanómetro de bobina móvil.

Inducción electromagnética

Hemos visto cómo la corriente eléctrica genera campos magnéticos y cómo los campos magnéticos ejercen fuerzas sobre las cargas eléctricas. Vamos a comprobar a continuación cómo un campo magnético genera una corriente eléctrica.

Si movemos, como en la figura 119, un conductor recto que se encuentra situado perpendicularmente a las líneas de inducción de un campo magnético, los electrones libres que contiene serán cargas móviles en un campo magnético, por lo que experimentarán una fuerza que los desplazará por el hilo: se acumularán en un extremo y desaparecerán del otro, que quedará cargado positivamente. Si el conductor forma parte de un circuito cerrado que comunica sus extremos, el efecto descrito se traducirá en una circulación efectiva de cargas mientras dure el movimiento: se habrá inducido una corriente eléctrica.

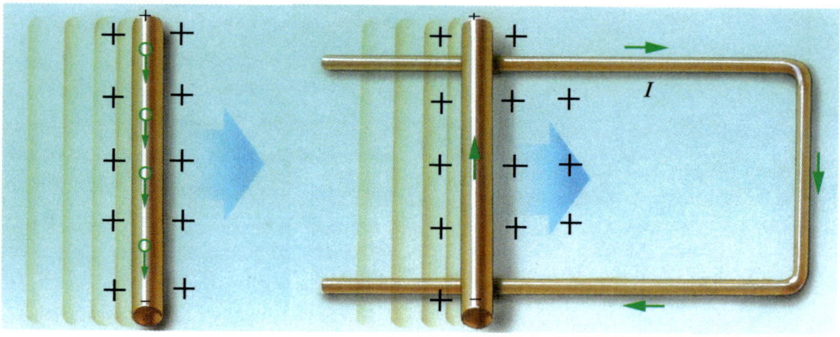

119
Si movemos un conductor metálico perpendicularmente a un campo magnético, los electrones libres se verán impulsados hacia un extremo. Si el conductor forma parte de un circuito cerrado, circulará una corriente cuya intensidad I tendrá sentido inverso al movimiento de los electrones.

Una manera cómoda e intuitiva de relacionar el campo y la corriente inducida por él en una espira, es considerar el flujo Φ de B a través de S, que, como ya vimos en *El campo magnético*, vale: $\Phi = B \cdot S \cdot sin\ \varphi$. La corriente inducida dependerá de la variación del flujo magnético ($\Delta\Phi$) a través de la superficie del circuito. El valor de la fuerza electromotriz inducida (ε) viene determinado por la expresión:

$$\varepsilon = -\frac{\Delta\Phi}{\Delta t}$$

en la que Δt corresponde al intervalo de tiempo considerado. La expresión anterior nos indica que:

— ε es proporcional a la velocidad de variación del flujo magnético a través del circuito.

— El signo (–) indica que el sentido de la corriente inducida es tal que ésta tiende a oponerse a la causa que la produce. Esta última conclusión (ley de Lenz) refleja la necesidad de utilizar energía mecánica —para mover el hilo o variar el flujo es necesario hacer un trabajo— para que aparezca en forma de energía eléctrica.

El mismo efecto que acabamos de describir se conseguiría acercando o alejando un imán a una espira cerrada (fig. 120).

Corriente alterna

Un método más fácil de conseguir corrientes inducidas de manera continuada consiste en hacer girar sobre un eje una espira situada en el interior de un campo magnético (fig. 121). Conseguiremos así variar el fluido magnético a través de la espira sin variar su

120
Al acercar un imán por su cara N a la espira, la corriente inducida intenta oponerse al movimiento, de manera que transforma la cara frontal de la espira en N. Al alejar el imán, la corriente circulará al revés y la cara frontal de la espira será S.

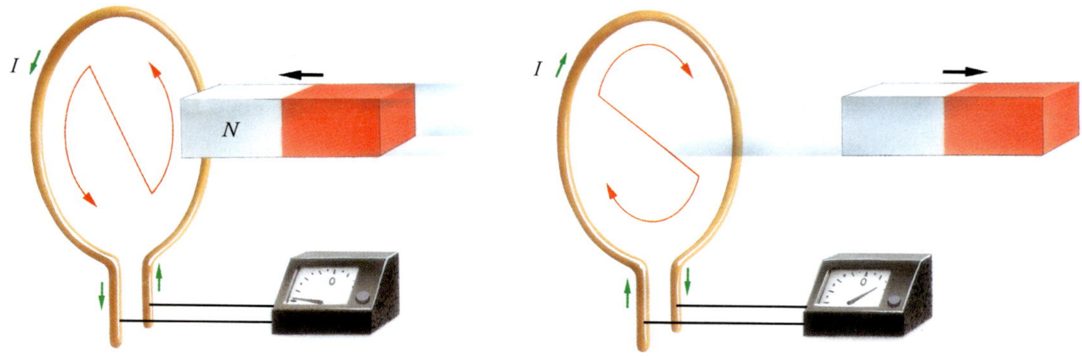

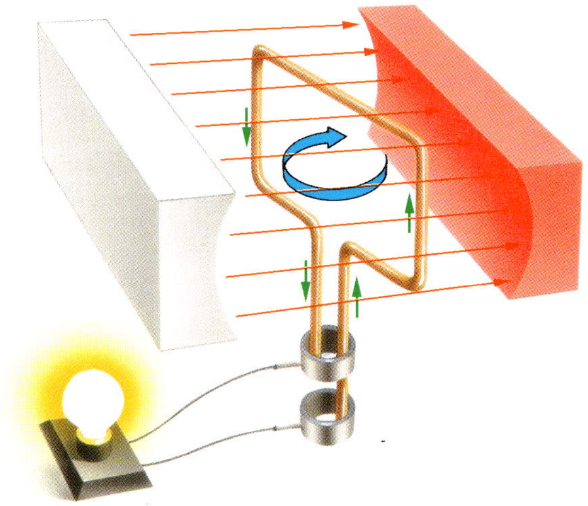

121
Alternador elemental formado por una espira que gira en un campo magnético uniforme. La corriente producida sale a través de las escobillas que están en contacto permanente con el correspondiente anillo del colector.

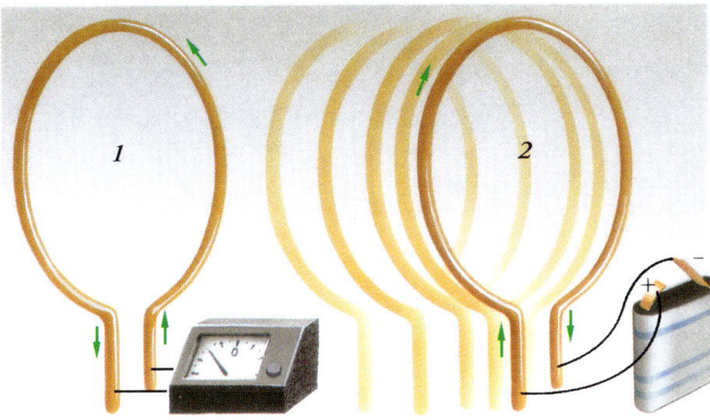

122
El circuito móvil se desplaza a la derecha e induce una corriente en el circuito de la izquierda.

forma y sí la orientación que adopte en el campo —cabe recordar que el flujo depende también del ángulo entre *S* y *B*.

Hagamos, pues, girar la espira con una velocidad de rotación (ω) constante. La corriente inducida depende $\Delta\Phi/\Delta t$ y como Φ varía continuamente, el valor instantáneo de ε será $d\Phi/dt$ (derivada del flujo con respecto al tiempo). La corriente inducida será, pues, sinusoidal como el flujo, y cambiará dos veces de sentido en cada vuelta de la espira. La fuerza electromotriz inducida (ε) tendrá un valor máximo ε_0, siendo su expresión para un instante cualquiera:

$$\varepsilon = \varepsilon_0 \cdot \sin \omega t$$

Inducción entre circuitos

Observemos la figura 122. La pila del circuito 2 hace circular una corriente por su espira. Mientras I_2 sea constante, el flujo magnético a través de la espira *I* no variará. Sin embargo, cuando alejemos o aproximemos los circuitos entre sí, se producirá una variación de flujo que será la responsable de la aparición de una corriente en el circuito 1. Si la corriente que circula por el circuito 2 varía (por ejemplo, es una corriente alterna), no será necesario mover el montaje para que la variación de flujo produzca una corriente en 1, cuya intensidad (I^1) oscilará de la misma manera que I^2. Para aumentar el efecto se utilizan dos bobinas y, además, se unen mediante un núcleo de hierro, común a las dos, que mantenga su aislamiento eléctrico, con lo que el flujo magnético, creado en el interior de la bobina 2, se transmite casi sin pérdidas al núcleo de la otra. La corriente externa se transmite al devanado llamado primario, mientras que la corriente transformada que va a aprovecharse sale del secundario. El conjunto formado por las bobinas y el núcleo es un transformador (fig. 123).

Las tensiones entre los bornes de las dos bobinas son directamente proporcionales al número de espiras de cada una de ellas. Así, si el secundario tiene más espiras que el primario, conseguiremos un voltaje mayor y el transformador será un elevador de tensión; en caso contrario, se obtiene un transformador reductor. Cabe recordar que el empleo de los transformadores es imprescindible en el proceso de transporte y distribución de la corriente eléctrica alterna, tal como vimos en el apartado *Corriente eléctrica: energía.*

123
En este transformador, si la bobina de la izquierda corresponde al primario, en los bornes de la bobina de la derecha se conseguirá una tensión menor que la de la entrada.

Aceleradores de partículas

Fundamento

Un acelerador de partículas es todo aparato que usa campos eléctricos y magnéticos para acelerar partículas subatómicas cargadas —electrones, protones, positrones, etc.—. Los campos eléctricos pueden aumentar la energía —la velocidad— de las partículas o desviarlas, mientras que los campos magnéticos se limitan a curvar sus trayectorias. Para evitar las pérdidas de energía por choques con moléculas gaseosas debe hacerse el vacío en todo el recinto por el que se mueven las partículas.

Estos aparatos no sólo tienen aplicación en la física de las partículas, sino también en otros campos más habituales: medicina, electrónica (osciloscopios, tubos de los televisores, etc.) (fig. 124).

125

Acelerador de Cockcroft-Walton. Las dos torres de condensadores (—| |—), en serie, una a tensión fija y la otra conectada a las distintas etapas del acelerador, gracias a los rectificadores —diodos →|— que los unen, producen la tensión que acelera las partículas.

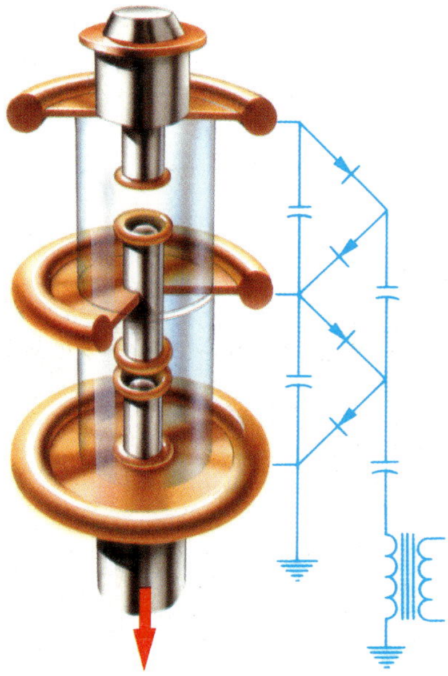

Tipos de aceleradores

Una primera clasificación de los aceleradores distingue si la energía es suministrada por campos estáticos o variables en el tiempo. La forma de la trayectoria descrita por las partículas permite diferenciar los aceleradores lineales de los circulares. Es necesario, además, especificar qué partículas son las aceleradas por un acelerador determinado: electrones, positrones, protones, etc.

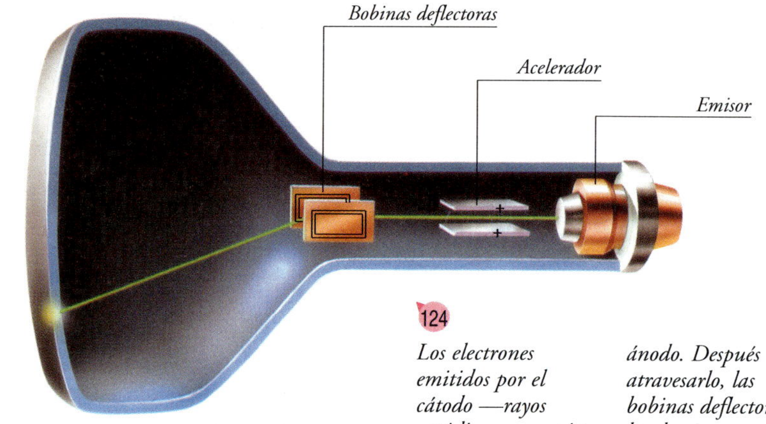

124

Los electrones emitidos por el cátodo —rayos catódicos—, gracias al efecto termoiónico, son acelerados por el ánodo. Después de atravesarlo, las bobinas deflectoras los desvían al punto adecuado de la pantalla.

Aceleradores electrostáticos: la energía la suministra un campo, una diferencia de potencial constante en el tiempo. Los principales son:

Generador de Van de Graaff: las cargas eléctricas son creadas por fricción o por inducción en un extremo de una cinta aislante que las transporta hasta una esfera hueca que las almacena. La tensión conseguida se aplica en un tubo de vacío, bien entre los extremos, bien por etapas, con lo que se evita la aparición de chispas. Pueden conseguirse tensiones superiores al millón de volts (fig. 73).

Acelerador de Cockcroft-Walton: consiste en un transformador de alto voltaje y un multiplicador de tensión a base de rectificadores y condensadores que, debidamente conectados, producen la tensión que se aplica por etapas (fig. 125).

Aceleradores de campos variables

El campo eléctrico, y, a veces, también el magnético, varía con el tiempo. Cabe distinguir los siguientes:

Aceleradores lineales: se llaman así porque movilizan las partículas en trayectorias rectas. La aceleración puede lograrse de una sola vez o por etapas, mediante elementos distribuidos a lo largo del aparato y alimentados por tensiones alternas de alta frecuencia. Estos aceleradores proyectan las partículas en paquetes, de tal manera que aquellas que se retrasan son recogidas por el grupo siguiente.

Aceleradores circulares: mediante el uso de campos magnéticos adecuados se consigue una trayectoria circular o con fragmentos circulares, con lo que las partículas pasan varias veces por los mismos electrodos o cámaras de aceleración. Aventajan a los lineales en la repetida utilización de los mismos elementos aceleradores. Sin embargo, tienen el inconveniente de la aparición de la radiación sincrotón: para describir una trayectoria circular se deben acele-

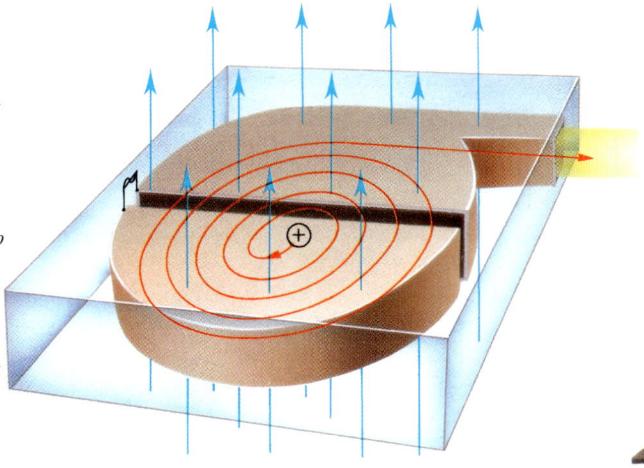

126 *Ciclotrón. La tensión conectada entre las dos piezas semicirculares acelera las partículas al pasar de la una a la otra. El campo magnético perpendicular a las bases las desvía, reconduciéndolas a la tensión. Un campo suplementario las extrae en el momento adecuado.*

rar las partículas, y toda partícula acelerada emite una radiación y pierde energía. La radiación emitida en los aceleradores circulares es de la gama de los rayos X, lo cual comporta problemas de protección.

Ciclotrón (fig. 126). Las partículas emitidas en su centro reciben energía al pasar de una *D* a la otra mediante una tensión alterna de alta frecuencia. El campo magnético las desvía, con lo que siguen una trayectoria espiral girando sincrónicamente con la variación del campo eléctrico, pues las más rápidas lo hacen con mayor radio. Como al llegar a velocidades próximas a las de la luz las partículas aumentan de masa, se pierde la sincronía, lo cual obliga a limitar el número de vueltas y a usar potenciales muy elevados.

Sincrociclotrón. Para evitar la desincronización que aparece en el ciclotrón a altas velocidades, se aplica una frecuencia que varía a medida que crece la velocidad, lo que permite utilizar tensiones menores y alcanzar mayores velocidades.

Sincrotón (fig. 127). El espacio vacío se reduce a un tubo en el que se concentra el campo magnético donde las partículas describen una trayectoria de radio aproximadamente constante. El campo magnético aumenta con la velocidad de las partículas aceleradas. La energía es transferida por un campo eléctrico cuya radiofrecuencia es constante en el caso de un acelerador de electrones y creciente en uno de protones.

Espectrógrafo de masas

Se trata de un aparato que separa las partículas según su masa, sin transferirles energía. Cuando un campo magnético actúa sobre partículas de idéntica carga eléctrica que se mueven con la misma velocidad, el radio de su trayectoria circular depende sólo de su masa, lo que permite separar los diversos isótopos de un elemento y medir con precisión la masa de un núcleo o un ion determinados (fig. 128).

128 *Espectrógrafo de masas. Los iones son acelerados por un campo eléctrico antes de ser introducidos en el espectrógrafo. El radio de las órbitas descritas por las partículas, obligadas por el campo magnético, es proporcional a la masa de cada una de ellas.*

127 *Sincrotón. Un campo magnético variable con el tiempo conduce las partículas por el interior del tubo, lo cual reduce el espacio vacío que se precisa y permite unas dimensiones considerables: el LEP de Ginebra tiene un perímetro de 27 km.*

Vibraciones y ondas

Vibraciones

Al apartar un columpio de su posición de equilibrio y soltarlo luego, comienza a oscilar en un movimiento de vaivén que se repite periódicamente, si no consideramos el rozamiento. Lo mismo sucede con cualquier objeto —una lámina metálica, una cuerda de guitarra, etc.— que, tras haber sido separado de su posición de equilibrio, quede sometido a la acción de una fuerza que apunte a dicha posición y dependa de la separación. Estos movimientos reciben diversas denominaciones: vibraciones, oscilaciones, etc.

Si la fuerza es proporcional a la distancia entre el móvil y su posición de equilibrio —la elongación—, se produce un movimiento armónico simple, en cuyo caso la elongación es función sinusoidal del tiempo. Así, el argumento de la función sinusoidal fija la fase del movimiento.

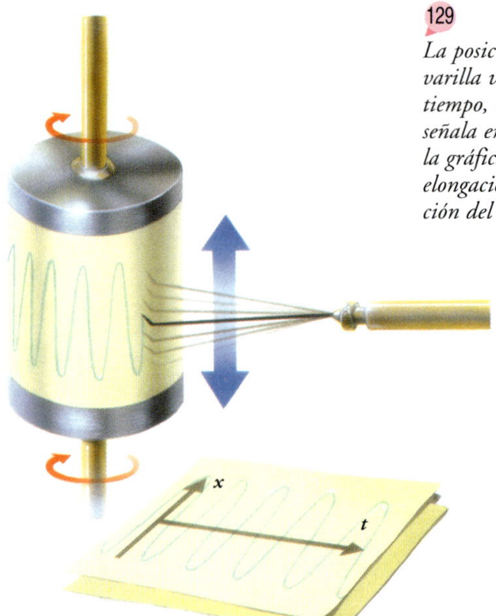

129
La posición de la varilla varía con el tiempo, con lo cual señala en el papel la gráfica de la elongación en función del tiempo.

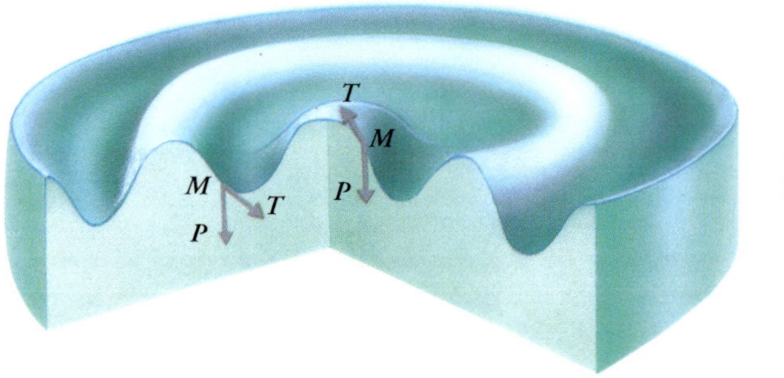

130
Gracias a la tensión superficial (T), cada partícula M arrastra a moverse a las que la rodean, cediéndoles la energía de la onda con el trabajo que sobre ellas realiza.

Ondas

¿Qué sucede si el móvil no es un punto aislado, sino que está unido a otros por alguna fuerza? Al caer una piedra en el agua se forman ondas que avanzan por la superficie. ¿Por qué? La partícula de agua (para simplificar supondremos que sólo es una) golpeada por la piedra ha sido separada de su posición de equilibrio y empieza a oscilar como el columpio, hasta que haya cedido toda la energía acumulada en la percusión. Al estar unida a las partículas que la rodean en la superficie mediante fuerzas de atracción, las arrastra a moverse, aunque con retraso respecto a su propio movimiento. Las nuevas partículas hacen lo propio con las siguientes, y así va avanzando el movimiento, radialmente a partir del foco (fig. 130), con lo que se produce una propagación rectilínea de la onda. La partícula inicial hace vibrar a las siguientes, de manera que les cede energía que se transmite y progresa

131
Si el desplazamiento es perpendicular al avance de la onda —A—, ésta es transversal.

Si coinciden en dirección —B—, se trata de una onda longitudinal.

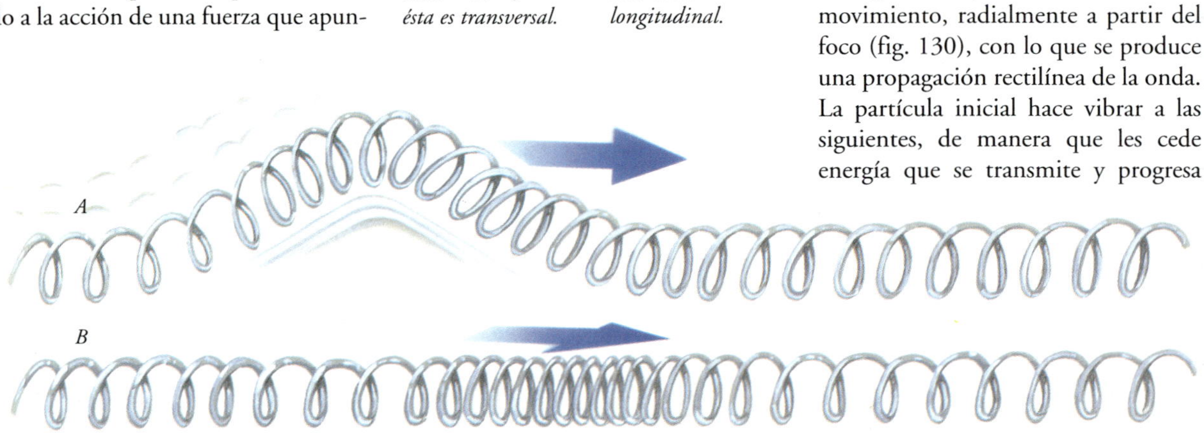

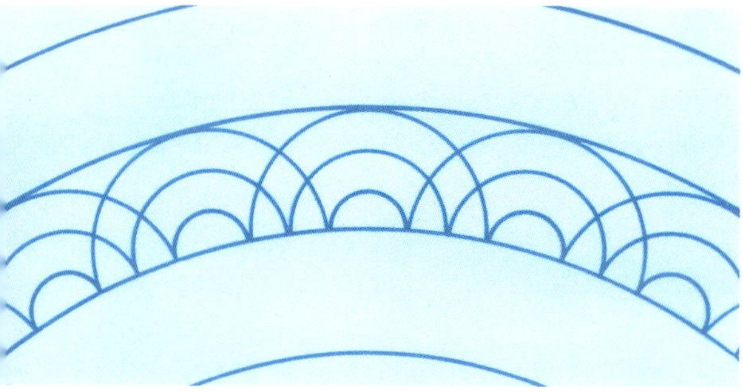

132
Principio de Huygens. Los puntos que son alcanzados simultáneamente por el frente de ondas se convierten en focos secundarios de ondas que avanzan sincrónicamente. La resultante de éstas es el nuevo frente.

con la onda, la cual no necesita trasladar materia para transportar energía. Las ondas más familiares son las mecánicas, llamadas así porque las magnitudes perturbadas son mecánicas: fuerza, posición, densidad, etc. Son las ondas que se producen en la superficie del agua, en las cuerdas, etc. También son ondas las que forman la radiación electromagnética, en la cual se perturba el campo electromagnético, tanto en su faceta eléctrica como en la magnética. En este caso, al no haber vibraciones, no hace falta materia que vibre y se pueden propagar en el vacío. Finalmente, la mecánica cuántica establece la existencia de ondas de materia y el comportamiento dual onda-partícula de la materia (ver *Efecto fotoeléctrico*).

Principio de Huygens

Lo explicado anteriormente se puede resumir en el principio debido a Christian Huygens: cuando una partícula es alcanzada por una onda, se convierte en un foco secundario de la perturbación. El efecto percibido que afecta a cada partícula es la combinación de las distintas perturbaciones secundarias. El frente de ondas que avanza es la envolvente de las ondas secundarias. Este principio, combinado con el de Fresnel (las ondas secundarias sólo son activas hacia delante), explica el mecanismo de avance de las ondas mecánicas. Para explicar el de las no mecánicas se debe recurrir a mecanismos más sofisticados.

Tipos de ondas

La dirección de propagación puede ser perpendicular a la dirección de la perturbación —ondas transversales— o coincidir con ella —ondas longitudinales—, aunque en muchos casos no se dan los dos tipos puros, sino una mezcla de ambos.

Cuando la perturbación que se propaga tiene una dirección fija y definida se dice que la onda está polarizada, aunque por regla general el término se suele reservar para las ondas transversales.

Magnitudes características

Una onda o una vibración vienen determinadas por las siguientes magnitudes (fig. 133):

Elongación. Valor que toma la perturbación en un punto dado y un instante determinado.

Amplitud. Valor máximo de la perturbación en ese punto.

Período. En cualquier perturbación que se vaya repitiendo, tiempo que emplea en seguir el ciclo completo una sola vez.

Frecuencia. Número de ciclos que se producen en la unidad de tiempo. Su unidad es el hertz (Hz), y corresponde a una frecuencia de una vibración o un ciclo por segundo.

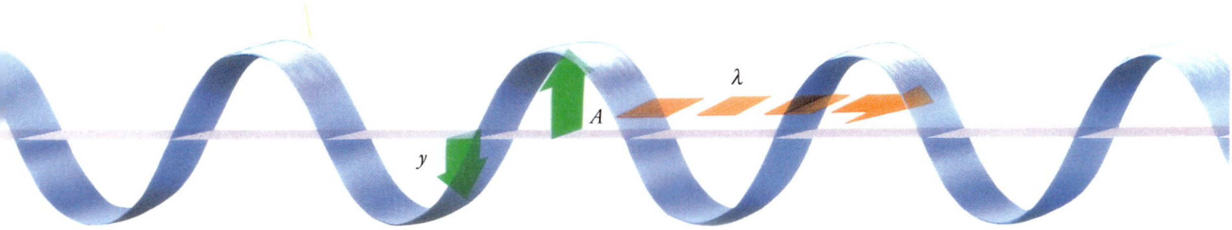

133
Magnitudes características de las ondas: y es la elongación, A la amplitud, λ la longitud de onda.

Fase. Función del tiempo cuyo seno o coseno, según el caso, permite hallar el valor de la elongación en cada momento del ciclo.

Longitud de onda. Distancia entre dos puntos consecutivos de la onda que están en la misma fase.

Velocidad de propagación. Velocidad a la que avanza la onda, y que no hay que confundir con la que tiene el móvil de una onda mecánica en su oscilación.

Propiedades características de las ondas

Una vez introducido el concepto de onda, es necesario considerar la existencia de ciertas propiedades generales que caractericen los movimientos ondulatorios y que permitan discernir si la propagación de un fenómeno determinado se realiza mediante ondas o de otra manera cualquiera. En este apartado se tratan estas propiedades características de las ondas.

134
Principio de superposición. Las dos perturbaciones se combinan en cada punto e instante sin alterar las unas a las otras.

135
La onda que produce la mano se superpone con la que retrocede después de chocar en el obstáculo, produciendo la onda estacionaria. Los nodos son los puntos que no se mueven en ningún momento y los vientres, los puntos de máxima amplitud de las ondas.

Principio de superposición

Se puede observar, a menudo, cómo se propagan, en la superficie del agua, dos ondas diferentes producidas por piedras lanzadas en puntos distintos, o al cruzarse la estela de dos barcos. En los puntos donde las ondas se encuentran, combinan sus efectos (fig. 134), y se refuerzan o contrarrestan según cada punto e instante, y después, cada onda prosigue su camino como si nada hubiese pasado; es decir, sin afectar la una a la otra en su propagación. En esto consiste el principio de superposición: siempre que dos ondas que se propagan en un mismo medio coinciden en un punto, combinan en él sus efectos y prosiguen después su camino, sin alterarse por ello. Se dice entonces que en ese punto hay interferencias entre las dos ondas, aunque el término se reserva coloquialmente para el caso en que las ondas se destruyen. Gracias a este principio, una onda complicada se puede considerar como el resultado de combinar otras ondas más sencillas, generalmente sinusoidales.

Un caso interesante de superposición es el que produce las ondas estacionarias, que en realidad no son ondas, puesto que no avanzan. Al superponerse dos ondas iguales que avanzan por el mismo medio en sentidos opuestos, se combinan de forma que todos los puntos vibran simultáneamente —en fase— y se aproximan al centro de equilibrio o se alejan de él todos a la vez y en la misma proporción, pero con una amplitud distinta, según el punto. Un ejemplo de ondas estacionarias aparece en la cuerda vibrante de una guitarra en la que, por lo general, sólo se produce media onda (fig. 135).

Otro caso de superposición de ondas se da en las pulsaciones, producidas al coincidir dos ondas de frecuencias muy parecidas. En este caso, la amplitud varía en el tiempo con

136
Difracción. Las ondas creadas por e foco secundario de la abertura, al no superponerse con otras, originan un frente de ondas con nuevo centro.

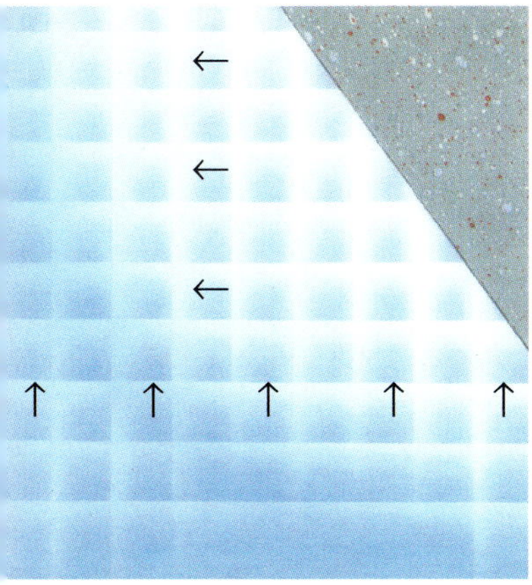

137
Reflexión. La onda que rebota en el obstáculo sigue en el mismo medio simétricamente a la que llega.

una frecuencia menor que la frecuencia de vibración. El fenómeno se utiliza para afinar instrumentos musicales, en razón de que resulta fácilmente detectable.

138
Efecto Doppler. Al avance propio de la onda hay que añadirle el avance o el retroceso del propio foco, en caso de que así suceda, lo cual provoca la compresión de las ondas.

Otras propiedades

Difracción. Si una onda halla un obstáculo en su propagación, lo bordea y se desvía del camino rectilíneo (fig. 136).

Reflexión. Cuando una onda llega al límite del medio por el cual se propaga, rebota sin variar sus características. Las direcciones de propagación de la onda incidente y la reflejada forman ángulos iguales con la superficie (fig. 137).

Refracción. Si una onda llega al límite entre dos medios, pasa a transmitirse en el nuevo, siempre que sea posible, y cambia de velocidad, con lo que se produce, en general, una desviación de la dirección de propagación.

Cuando una onda llega a la superficie de separación entre dos medios se producen, casi siempre, reflexión y refracción. La energía se reparte entre las ondas reflejada y refractada, según cuál sea el ángulo de incidencia. Si la onda refractada no logra penetrar en el nuevo medio, se habla de *reflexión total*, fenómeno que se produce cuando la onda que intenta pasar a un nuevo medio en el que se propagaría a mayor velocidad incide en la superficie de separación con un ángulo superior a un ángulo límite, característico de cada frontera.

Foco en movimiento

Si el foco emisor se mueve con respecto al observador, las ondas recibidas por éste llegan con un intervalo mayor o menor que el período de la vibración original, según si el foco y el observador se acercan o se alejan. Se produce, pues, un cambio de frecuencia de la onda recibida, que se conoce como efecto Doppler (fig. 138). Podemos notarlo cuando se acercan un tren o un coche usando su señal acústica y notamos una variación de tono. Se utiliza, además, para medir la velocidad de alejamiento de las estrellas.

Si la velocidad del foco es mayor que la de propagación de las ondas, los impulsos de distintos momentos se suman y refuerzan en una superficie cónica, con vértice en el foco, conocida como onda de choque u onda Mach. Es el efecto Cerenkov, causante del «bang» sónico que se produce cuando un avión atraviesa la barrera del sonido, y así mismo de la estela de los barcos (fig. 139).

139
Onda de choque. Cuando el foco se avanza a la onda, las ondas producidas en distintos instantes se superponen y originan una onda de choque, tal como ocurre con esta nave.

El sonido

Uno de los fenómenos ondulatorios más conocidos es el sonido. Su origen es una vibración que podemos detectar con facilidad tocando suavemente el instrumento sonoro, si bien, al hacerlo, en muchos casos, se apaga la vibración y desaparece el sonido.

Al hablar, se pueden detectar los golpes ejercidos por el aire sobre una mano colocada frente a la boca. Es el aire expulsado que golpea al que tiene delante y lo comprime; éste, a su vez, actúa sobre el que tiene a continuación, y así la vibración va avanzando mediante una onda mecánica longitudinal. Como necesita un medio material para difundirse, el sonido no se propaga en el vacío (fig. 140).

El sonido posee las propiedades características de una onda, entre las cuales, la más espectacular es la de producción de interferencias, en especial las destructivas. La idea de que un sonido superpuesto a otro pueda producir silencio resulta chocante cuando no absurda, pero es comprobable. Al superponer dos sonidos exactamente iguales, producto, por ejemplo, de dos vibraciones entre 3000 y 3500 Hz, se constatan unos aumentos y unas disminuciones de intensidad sonora con sólo girar la cabeza o desplazarla a un lado u otro no más de medio metro (fig. 141). Rara vez se percibe el silencio absoluto, puesto que difícilmente las dos ondas tienen la misma intensidad y, además, son modificadas por los cuerpos interpuestos.

Si un sonido se produce en un recinto cerrado en el que no existe el vacío, se oye también en el exterior, pues, al propagarse a través del medio interno, llega a la pared y se refracta —la hace vibrar—, y en la cara exterior vuelve a refractarse y se transmite por el medio exterior. Si se practica un orificio en la pared, se oye en el exterior mejor que antes —el aire absorbe menos energía que la pared—, incluso en puntos que no están alineados con el agujero y el foco emisor. Al llegar al orificio, el sonido se difracta; es decir, bordea los obstáculos (fig. 142).

Un sonido producido en ciertos lugares se vuelve a oír al cabo de unos momentos, dando lugar al eco. El fenómeno tiene lugar al reflejarse en un obstáculo lejano y retornar hacia el observador, que lo oye con retraso respecto del sonido directo. El tiempo mínimo necesario para que el oído humano perciba como distintos dos sonidos iguales, y no como prolongación el uno del otro, es de una décima de segundo. Si el tiempo que pasa entre la percepción del sonido directo y el reflejado es menor, aparece la reverberación, como en una sala vacía

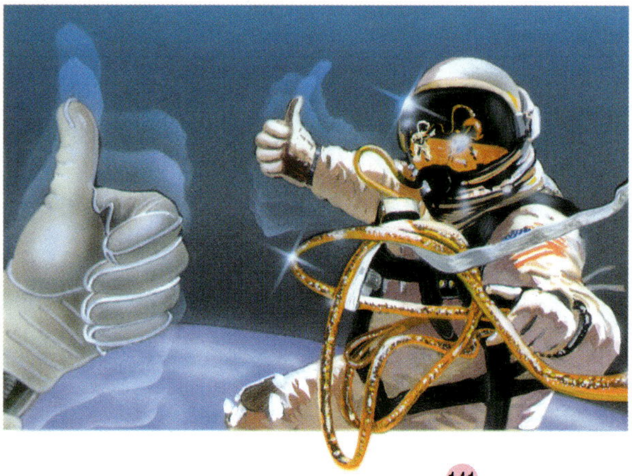

140
En el vacío es preciso comunicarse por radio o por signos, puesto que la voz, el sonido, no se propaga en él.

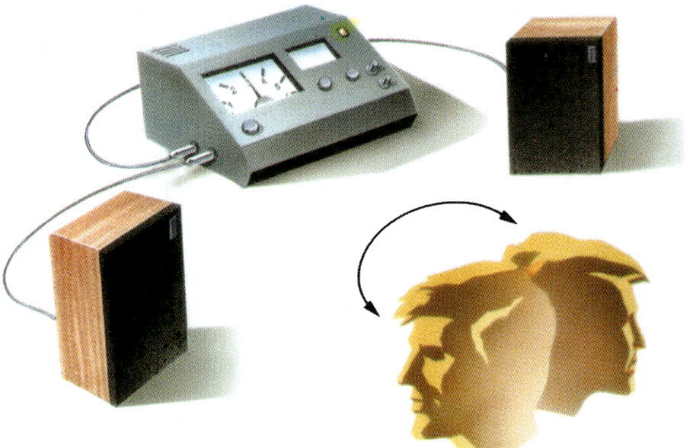

141
Con sólo estos leves movimientos de la cabeza se puede apreciar la variación de intensidad producto de la superposición de las ondas que proceden de los altavoces.

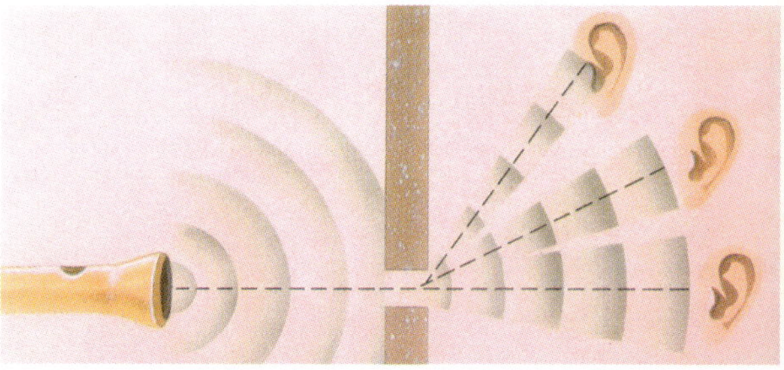

142
Gracias a la difracción, el sonido tiene la capacidad de bordear obstáculos. Así y todo, oyen mejor los que ven el emisor —no precisan de la difracción— que quienes no lo perciben.

143
La campana grande tiene un sonido más grave que la pequeña. La longitud de onda fundamental es mayor en el instrumento de mayor tamaño, con lo que la frecuencia es menor, es decir, el tono más grave.

que resuena. Debido a la velocidad del sonido, para apreciar eco en el aire, el obstáculo ha de estar a una distancia mínima de 17 metros, mientras que en los medios en que se propaga más rápido debe ser mayor. Por esta razón el agua resuena más que el aire.

144
Un sintetizador imita el sonido de los instrumentos al sintetizar su timbre, es decir, al superponer a la frecuencia principal buena parte de los armónicos característicos del instrumento imitado.

El sonido como sensación fisiológica

Para caracterizar un sonido interesa considerar también las cualidades auditivas. La intensidad de un sonido es la energía que llega al receptor por unidad de superficie y de tiempo, y va ligada a la distancia al foco emisor y a la amplitud de la oscilación. Para emitir la voz con más intensidad se requiere mayor esfuerzo para comunicar una mayor energía; y para oír más un aparato se aumenta su volumen de emisión, se envía más potencia a los altavoces. Al tocar alguno de los elementos que vibran se nota que lo hacen con mayor amplitud cuanto mayor es la intensidad del sonido emitido.

No hay que confundir la intensidad I de un sonido con la sensación sonora, puesto que la reacción del sentido del oído varía con la frecuencia. Además, no se produce una sensación doble para una intensidad doble. La intensidad fisiológica s viene determinada por la expresión $s = 10 \log I/I_0$, siendo I_0 la intensidad del nivel de referencia que corresponde a 10^{-12} W/m^2. La unidad de s es el decibel, submúltiplo del bel.

El tono está ligado a la frecuencia del sonido. Así, un sonido grave es de baja frecuencia; y uno agudo, de frecuencia elevada (fig. 143). En la escala musical corriente, al pasar de una octava a otra, se duplica la frecuencia, que, además, varía de forma precisa entre una nota y la siguiente: 9/8, 10/9, 16/15, 9/8, 10/9, 9/8, 16/15. Algo semejante sucede con los sostenidos y los bemoles, que aumentan o disminuyen, respectivamente, la frecuencia de la nota en un 25/24.

Un sonido también está caracterizado por su timbre. Cuando se produce un sonido raramente hay una sola nota, una frecuencia única. Lo normal es que, junto a la nota fundamental, aparezcan otras frecuencias, conocidas como armónicos. Este acompañamiento de ondas con frecuencias y amplitudes distintas es lo que permite distinguir el instrumento que emite el sonido, y constituye su timbre (fig. 144).

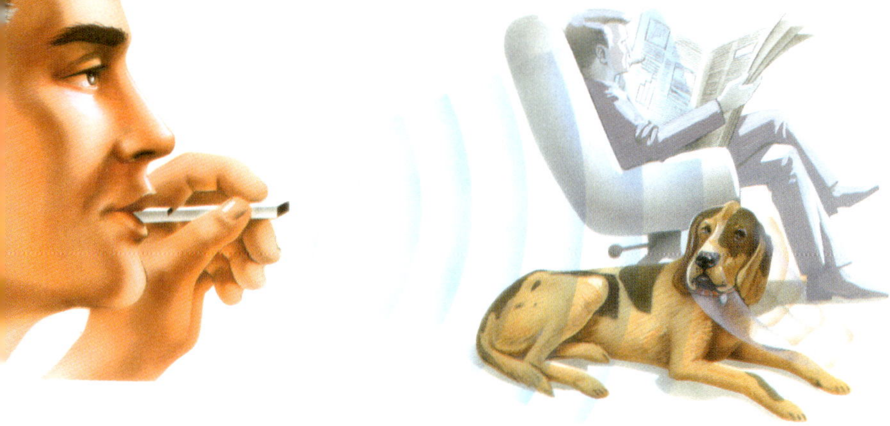

145
El oído humano sólo capta sonidos de entre unos 20 Hz y 22 000 Hz. El silbato para perros emite en una gama más alta —ultrasonido—, inaudible para el hombre pero no para el perro.

Radiación electromagnética

En páginas anteriores se ha comprobado la interrelación existente entre los campos eléctricos y los magnéticos, tan íntimamente unidos entre sí que es necesario considerarlos como dos aspectos de una misma realidad: el campo electromagnético.

Concretamente, en el apartado *Creación de campos magnéticos* se vio que una corriente eléctrica origina un campo magnético. Pero cuando un campo electromagnético se propaga por el aire, un medio aislante o fuera de la atmósfera, ¿cuál es la corriente? La solución fue introducida por James C. Maxwell al hablar de corriente de desplazamiento. Al someter un cuerpo a un campo eléctrico se polariza, pues las cargas que lo forman se desplazan levemente de su posición de equilibrio. Si varían el campo eléctrico o algún campo magnético superpuesto, las cargas pueden moverse algo, y se produce la corriente de desplazamiento. ¿Y fuera de la atmósfera? Maxwell creía en la presencia de un medio, el éter cósmico, que llenaba todo el espacio en el que no existía otro medio material, y que era lo que se polarizaba. En la actualidad se considera que el éter no existe, y la explicación de la propagación del campo electromagnético pasa por coordenadas no ondulatorias.

Los aspectos eléctrico y magnético del campo están relacionados entre sí por unas fórmulas, conocidas como ecuaciones de Maxwell, que son consideradas actualmente como las fundamentales de la electricidad y el magnetismo.

Ondas hertzianas

El campo electromagnético preconizado por Maxwell se propaga a través del espacio de forma semejante a la luz, como comprobó Heinrich Hertz al mostrar cómo una corriente oscilante en un circuito —emisor— genera una corriente semejante en otro —recep-

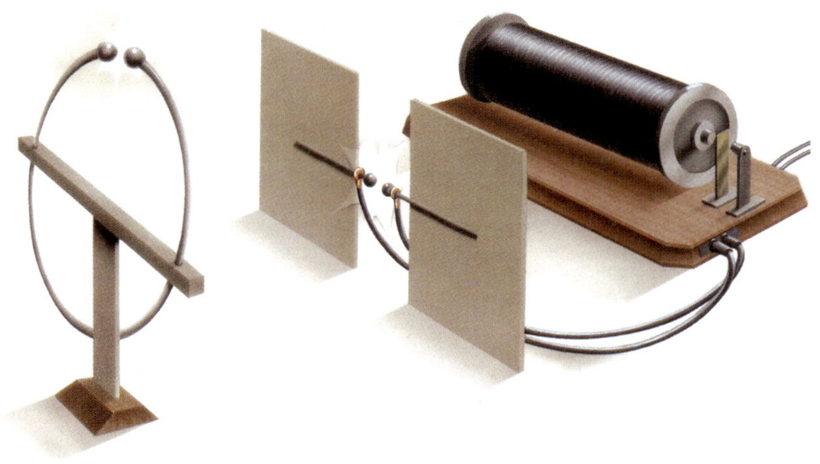

146
El campo electromagnético de alta frecuencia producido por la chispa que salta en el circuito de la derecha es recogido por el circuito de la izquierda. Hertz comprobó también la polarización de las ondas cuando se emplea una reja adecuada.

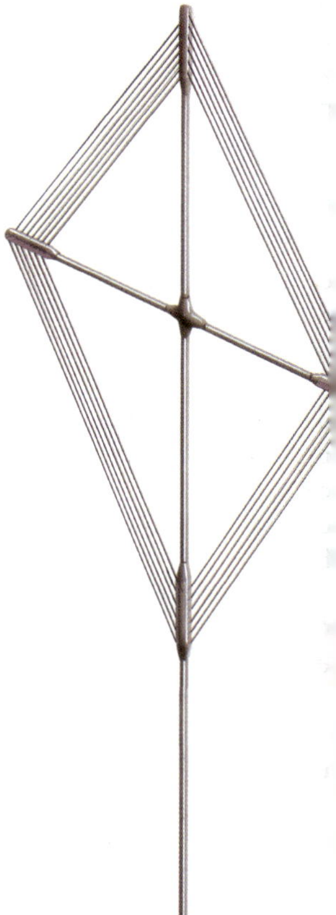

147
Marconi logró hacer llegar a grandes distancias las ondas que Hertz sólo había transmitido de un extremo al otro de su aula.

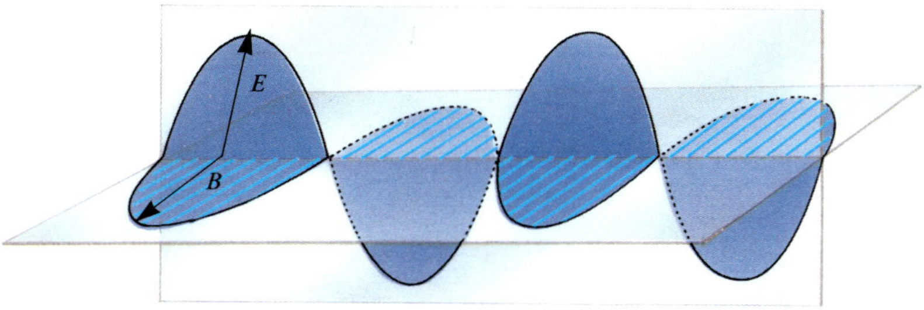

148

Según las ecuaciones de Maxwell, el campo eléctrico y el magnético son perpendiculares. Si uno de ellos está polarizado, el otro también lo estará.

or— separado del primero. Una oscilación de muy alta frecuencia que hace saltar chispas (cargas) eléctricas entre dos puntos de un circuito separados en el aire, crea el campo que se propaga por el aire y es que recogido por un hilo —antena— a unos metros de distancia del emisor. Para reforzar el fenómeno y facilitar la detección de la radiación, procedía a dirigirla en una dirección y concentrarla sobre el receptor mediante elementos equivalentes a espejos parabólicos (fig. 146).

El sistema por medio del cual pasa el campo de un circuito a otro recibe el nombre de *ondas hertzianas.* Estas ondas radiantes fueron usadas por Guillermo Marconi para enviar señales de una parte a otra del Atlántico, constituyendo lo que actualmente se conoce como ondas de radio (fig. 147). Las ondas de la televisión son también ondas hertzianas.

Carácter ondulatorio de la propagación

Al ser el campo electromagnético un campo de fuerzas (es decir, al actuar sobre un cuerpo sensible a él mediante la aplicación de una fuerza), ha de ser capaz de producir trabajo. Como el trabajo es un método de transmitir energía de un cuerpo o sistema a otro, se deduce que el campo electromagnético debe poseer energía. En el caso de un campo eléctrico, dicha energía es proporcional al cuadrado de la intensidad del campo en el punto considerado, y lo mismo sucede con el campo magnético. Como las variaciones de E y B son simultáneas y en fase, la energía se propaga a medida que el campo avanza (fig. 148).

La propagación del campo electromagnético tiene, pues, todas las características de un fenómeno ondulatorio. Ya Hertz comprobó que las ondas hertzianas se reflejaban y se polarizaban. Como el campo eléctrico y el magnético se mantienen perpendiculares entre sí en su propagación, la dirección de polarización se define considerando la dirección de variación del primero.

Según las ecuaciones de Maxwell, la velocidad de propagación del campo electromagnético viene dada por la expresión $v = 1/\sqrt{\varepsilon \cdot \mu}$. En el vacío, la constante dieléctrica ε y la permeabilidad magnética μ son constantes, de lo cual se deduce que, en el vacío, el campo electromagnético se propaga a la velocidad *c*, que es la de la luz. Al variar el medio, cambia el valor de ambas constantes y, con ello, la velocidad de propagación; es decir, las ondas se refractan. Como, además, la constante dieléctrica de un medio depende de la frecuencia de la radiación, tanto la propagación de un campo electromagnético como su comportamiento en un medio cualquiera dependen de su frecuencia.

Espectro electromagnético

Se ha indicado que las ondas de radio y televisión son ondas electromagnéticas, y veremos en el apartado siguiente que también lo es la luz. Hay muchas más, y se suelen clasificar, de menor frecuencia a mayor, en ondas de radio de onda larga, media y corta, ondas de televisión (VHF y UHF), microondas, luz infrarroja, visible y ultravioleta, rayos X y rayos gamma (γ) (fig. 149).

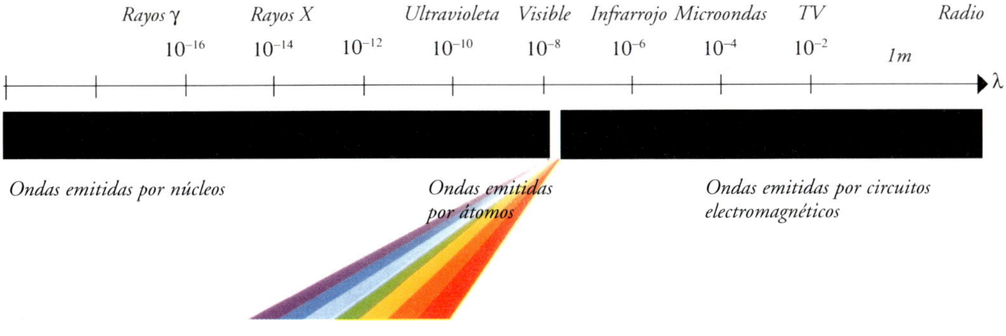

149

La gama de campos electromagnéticos es muy amplia. Los de más energía y, por tanto, frecuencia, son los rayos gamma (γ).

La luz como onda

La naturaleza de la luz

Newton consideraba que la luz estaba formada por pequeñas partículas que se movían a gran velocidad. La reflexión era producida por los rebotes de las partículas, como si fueran pelotas, en los obstáculos. Justificaba la refracción por la diferencia de atracción gravitatoria ejercida por los dos medios sobre las partículas en la proximidad de la separación, lo que las aceleraba o, al contrario, las frenaba en dirección a la superficie.

El descubrimiento de la difracción de la luz, así como la existencia de interferencias y la polarización, hizo que se impusiera, con un siglo de retraso, la idea de Huygens, contemporáneo de Newton. Huygens creía que la luz era un fenómeno ondulatorio, como consideramos en este capítulo. Otras propiedades descubiertas posteriormente —efecto fotoeléctrico, efecto Compton—, inexplicables por medios ondulatorios, pusieron en jaque estas ideas sobre la naturaleza de la luz, de manera que fue necesario nuevamente considerar sus aspectos corpusculares. Esto se tratará en los apartados que se dedicarán a la naturaleza de la materia.

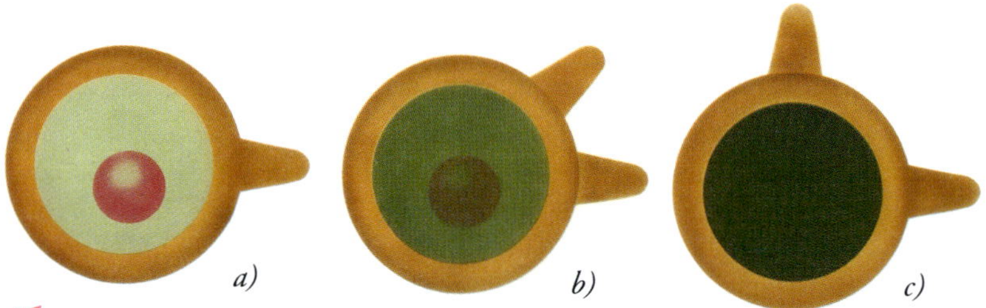

150

La luz que consigue atravesar el polarizador primero tan sólo logra atravesar el segundo si está orientado de la misma forma que el primero (a). Si está girado 90° no pasa (c), y si está girado ángulos intermedios pasa sólo parcialmente (b). Algunas sustancias hacen girar el plano de polarización de la luz que las atraviesa.

Propiedades ondulatorias de la luz

La comprobación de que las ondas electromagnéticas viajan en el vacío a la velocidad de la luz confirmó a los físicos del siglo XIX su carácter ondulatorio. No fue ésta, sin embargo, la primera propiedad que afirmó su carácter ni la más fácil de observar.

Tal vez la forma más simple de probar la propagación ondulatoria de la luz sea mediante la polarización, con lo cual se constata, además, que es una onda transversal. Un polarizador es un medio que sólo puede ser atravesado por luz cuyo campo eléctrico vibre en una dirección determinada. Al atravesar un polarizador, un haz de luz cualquiera se polariza. Si posteriormente se encuentra con otro polarizador en su camino, lo atravesará con mayor o menor intensidad según la orientación que tenga respecto al primero (fig. 150). Se comprueba que, haciendo girar el segundo polarizador, la intensidad de la luz que lo atraviesa varía dos veces por vuelta (desde cero hasta el valor máximo), de forma que se precisa un giro de 90° para pasar de un máximo a un mínimo o viceversa.

La difracción aparece también con facilidad. Si, a través de una rendija muy fina que gira lentamente, observamos el filamento incandescente de una bombilla, se ve cómo se desdobla en otros dos, paralelos y próximos. También aparecen desdoblamientos al observar objetos iluminados a través de redes muy finas, tales como ciertos tejidos o redes de difracción de más de 500 líneas por milímetro. Si miramos a través del espacio que queda entre dos lápices juntos podremos apreciar unas líneas alternativamente claras y oscuras, debidas también a la difracción (fig. 151).

Las interferencias son responsables de los anillos de Newton, que aparecen,

151

Obsérvense las franjas oscuras de difracción que aparecen entre los lápices. Para que se pueda apreciar notablemente la difracción, la rendija ha de ser del orden de magnitud de la longitud de onda.

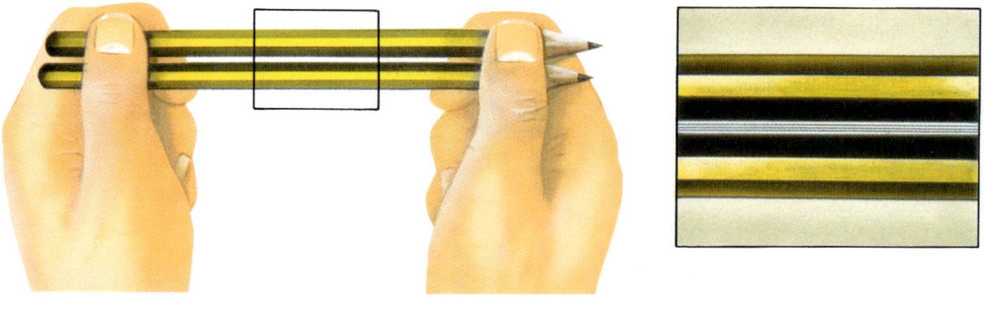

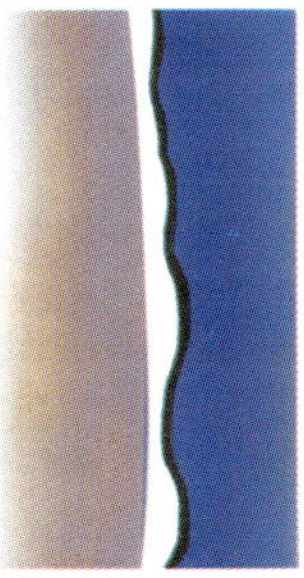

152
Las irisaciones se producen al destruirse unos colores sí y otros no, según la longitud de onda, gracias al desfase producido por la diferente longitud de los caminos recorridos por los rayos de luz al rebotar en las dos superficies de la pared de la burbuja.

por ejemplo, en la calzada húmeda en forma de irisaciones por la presencia en ella de gasolina. Cuando la luz atraviesa un medio muy fino y de grosor variable, entre los rayos de luz reflejados en cada una de las dos fronteras de la lámina se producen interferencias, las cuales dan como resultado que se anulen algunos de los colores que forman la luz incidente (fig. 152).

Un palo parece doblarse cuando se introduce en el agua, y el fondo de una piscina da la impresión de hundirse al acercarnos a ella. Esto es debido a la refracción; es decir, al cambio de velocidad de la luz al pasar de un medio a otro. Para medir el fenómeno, se define el índice de refracción como el cociente entre la velocidad de la luz en el vacío y en el medio considerado.

La refracción cumple las dos leyes generales siguientes:

1. El rayo incidente, la normal —perpendicular a la superficie— y el rayo refractado están en el mismo plano.
2. Los senos de los ángulos que el rayo forma con la normal en cada medio están entre sí en la misma proporción que las velocidades de la onda en cada uno de ellos:

$$\frac{\sin\ i}{\sin\ r} = \frac{v^2}{v^1}$$

Así pues, el ángulo es menor en el medio donde la luz va más despacio; es decir, el más refringente. Por ello, cuando la luz trata de pasar a un medio menos refringente, no siempre lo logra,

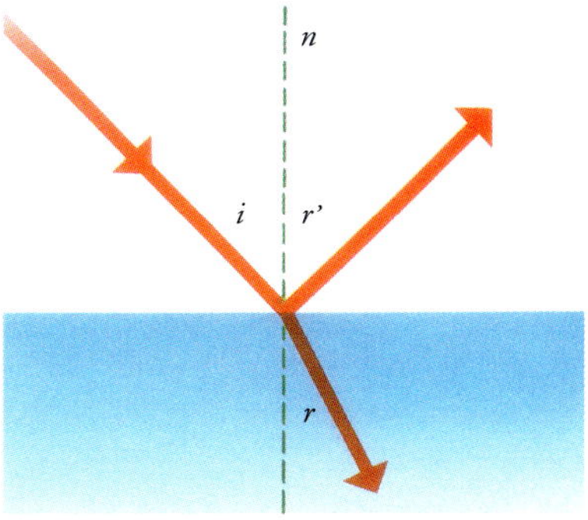

153
En la figura, n es la normal, i el ángulo de incidencia, r el de refracción, y r′ el de reflexión.

pues, como el ángulo de salida ha de ser mayor, para ángulos suficientemente grandes, el ángulo de refracción sería mayor de 90° y no llega a salir luz del primer medio. El ángulo para el cual la luz sale rozando la superficie recibe el nombre de ángulo límite. Para ángulos superiores no hay refracción, y el rayo se refleja totalmente: es la reflexión total, causante, entre otros efectos, de los espejismos.

La imagen reflejada en un espejo o en otra superficie pulimentada y un rayo de sol desviado a voluntad mediante un objeto brillante son ejemplos de la reflexión, que es el menos ondulatorio de todos los efectos estudiados, puesto que admite una explicación distinta de la ondulatoria.

La reflexión cumple las leyes siguientes (fig. 153);

1. El rayo incidente, la normal y el rayo reflejado están en un mismo plano.
2. Los ángulos que forman los rayos incidente y reflejado con la normal son iguales.

154
Al pasar la luz de un medio a otro en el cual se mueve más deprisa, se refracta con un ángulo mayor que el de incidencia. El ángulo para el que la refracción es de 90° es el límite para el cual se produce refracción. Para ángulos superiores tiene lugar la reflexión total y se ve el fondo de la piscina.

Espejos y lentes. El color

La reflexión y la refracción de la luz han sido utilizadas desde antiguo, mucho antes de que existiera ninguna explicación satisfactoria sobre su comportamiento, mediante distintos aparatos muy usuales: espejos y lentes.

Espejos

Cuando la luz choca con un objeto, se refleja en su superficie. Si esta última es irregular, los rayos reflejados se dispersan en direcciones distintas: es la reflexión difusa. Si la superficie es totalmente lisa —pulimentada, en el caso de un sólido—, todos los rayos salen en direcciones paralelas, produciéndose una reflexión especular. Esto sucede en los espejos y en la superficie libre de los líquidos en reposo.

Atendiendo a su forma, existen distintos tipos de espejos: planos, esféricos, cilíndricos, parabólicos, etcétera.

La luz que sale de un objeto se propaga en forma de rayos que, al llegar a un espejo, se reflejan en él. Si posteriormente se vuelven a reunir en algún punto del espacio, decimos que se forma en él una imagen real del objeto. Si los rayos se separan y sus prolongaciones se cortan en un mismo punto, al estar acostumbrados a la propagación rectilínea de la luz, juzgaremos que la luz proviene de este punto: parece que en él se halle el objeto. Se trata de una imagen virtual, producida como resultado de la interpretación del cerebro del observador.

Lo anteriormente dicho permite utilizar espejos cóncavos para proyectar imágenes o para concentrar en un punto la escasa luz que llega procedente de un objeto lejano (observación de

155 *Como la luz sigue un camino rectilíneo, la usamos para alinear objetos. Varios objetos están alineados si el mismo rayo de luz pasa por ellos. Un objeto es recto si un rayo de luz lo recorre de punta a punta.*

156 *Si los rayos de luz que salen de un objeto se vuelven a unir, forman una imagen real. Si se separan, parece que exista una imagen (denomina imagen virtual) donde se cortan sus prolongaciones.*

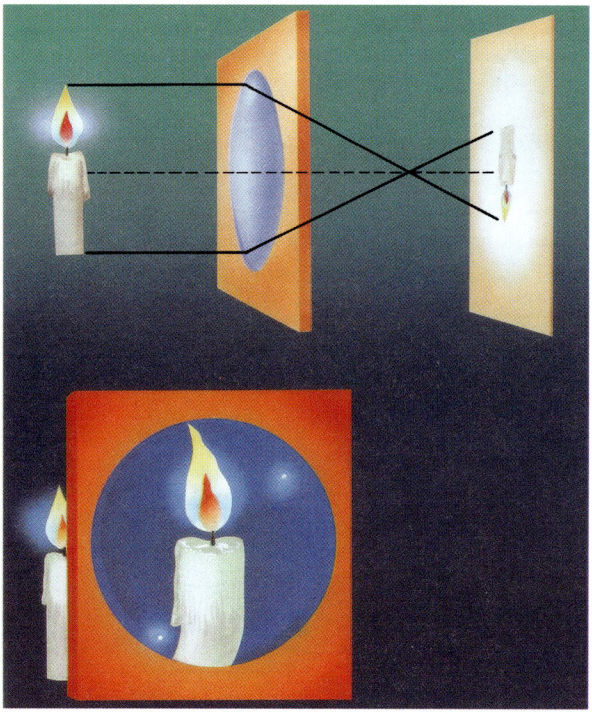

157 *Lente convergente es aquella que reúne los rayos de luz (a). Es el caso de las lupas. Pero su comportamiento depende del material en relación con el que le rodea. La lente (b) (de aire) es divergente.*

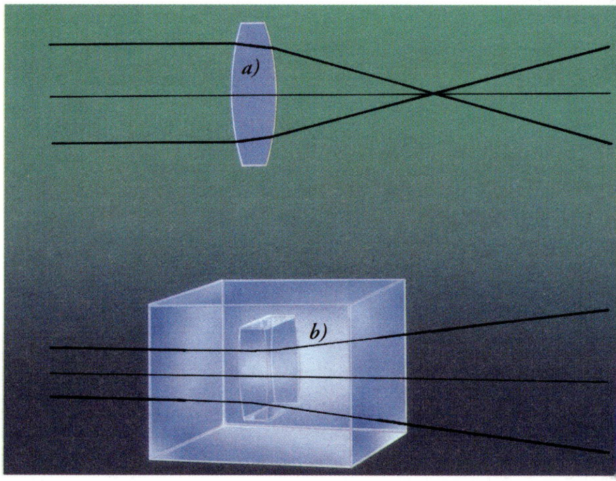

·strellas con un telescopio de reflexión) —imagen real—. Otros espejos se ·mplean para observar objetos al mismo amaño (espejos planos), magnificados espejos de bolso) o minorizados (retro·isores) —imagen virtual—. También ·e pueden conseguir imágenes deformadas con espejos curvos no esféricos.

Lentes

Una lente es un medio transparente imitado por caras no paralelas, una de as cuales, al menos, no es plana. Si atendemos a su comportamiento, existen dos tipos de lentes: divergentes, que separan los rayos entre sí, y convergentes, que los acercan (fig. 157). Dicho comportamiento depende de su forma, del material con que están construidas y del medio que las rodea. En general, as convergentes son más gruesas por el centro y las divergentes, por los bordes. Las lentes divergentes no forman imágenes reales y sí las convergentes. Como ejemplo de lentes convergentes cabe citar las lupas, las de los aparatos de proyección y las usadas en la corrección del astigmatismo y la vista cansada. Para a corrección de la miopía se emplean lentes divergentes.

Aunque son las más corrientes, no todas las superficies curvas de las lentes son esféricas. Por ejemplo, en la corrección de los astigmatismos se usan lentes cilíndricas.

Elementos de espejos y lentes

El centro de curvatura es el centro de la superficie esférica que limita el elemento óptico. El eje principal es el eje de simetría que pasa por los centros de curvatura. El foco es el punto en el cual se cortan los rayos de luz que llegan paralelos al eje principal y donde se debe situar el foco luminoso para que los rayos salgan paralelos entre sí y al eje principal. El centro óptico es el centro geométrico de la lente o el espejo (fig. 158).

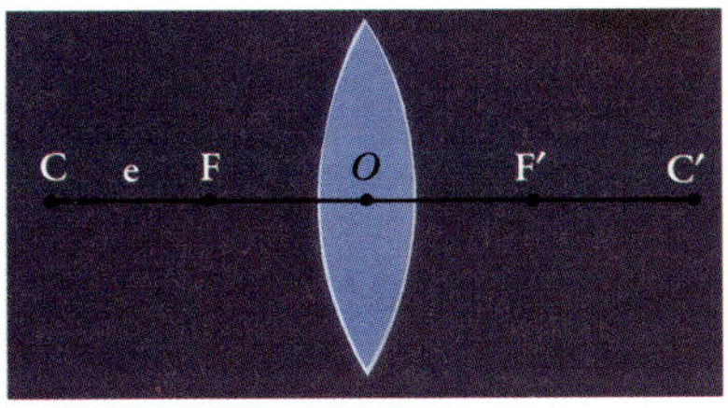

158
En la figura, e es el eje principal, C y C' los centros de curvatura de cada cara, F y F' los focos imagen y objeto, O el centro óptico.

La potencia de un aparato óptico se mide determinando la distancia focal *f*, o sea, la distancia del foco al centro óptico. El inverso de *f* expresado en metros da las dioptrías de una lente. Así, si la distancia focal es de 20 cm (0,2 m), la potencia de la lente convergente considerada será de 1/0,2 dp; es decir, +5 dioptrías.

Prismas

Un prisma óptico es un medio transparente limitado por, al menos, dos caras planas no paralelas, de manera que la luz incida en la segunda de ellas con un ángulo diferente al de refracción de la primera. Así, si consigue salir, lo hace en una dirección distinta de la que llevaba al introducirse en el medio.

En los prismas de reflexión total, el montaje permite que la luz penetre por una de las caras, se refleje en otra y salga por una tercera (fig. 159). Se usan como espejos de calidad, sólidos y duraderos, en ciertos aparatos ópticos, como prismáticos, periscopios y cámaras fotográficas réflex.

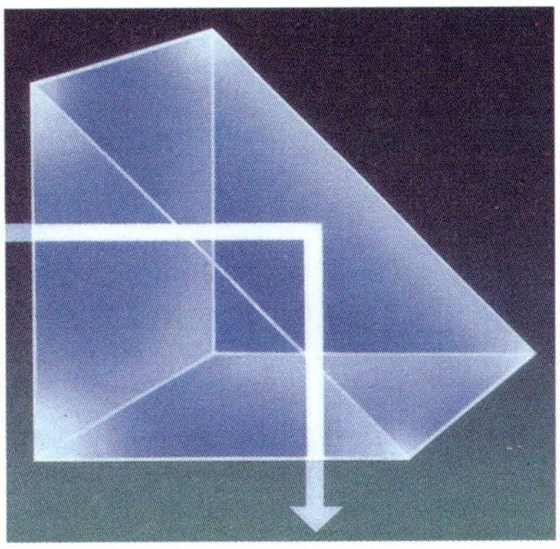

159
Los rayos de luz penetran en el prisma por la primera cara, chocan con ángulo superior al límite en la segunda y salen por la última. Aprovechan la reflexión total: se trata de prismas de reflexión total.

La descomposición de la luz mediante un prisma óptico fue estudiada ya por Newton. Las ondas electromagnéticas se propagan en el vacío a la misma velocidad, sea cual fuere su frecuencia. En los medios materiales, sin embargo, la velocidad depende de la frecuencia, por lo que las ondas se refractan de forma distinta según su frecuencia; y la luz, según su color. Al refractarse un rayo no monocromático se separan sus diversos colores componentes. Esta separación es muy escasa y sería inapreciable, pero la segunda refracción en la otra superficie del prisma la amplía, pues, al ser el ángulo de incidencia distinto para cada color, el de refracción varía más (fig. 160). La separación de la luz en sus colores componentes se aplica en los espectroscopios, muy útiles en el análisis químico.

160
La refracción es distinta según el color. En la primera superficie se separan los rayos según el color. La segunda refracción los separa aún más y produce la descomposición cromática.

El átomo. El núcleo atómico

La materia discontinua

El interés que la humanidad ha demostrado a lo largo de su existencia para conocer la realidad que nos rodea, ha permitido un constante avance en el conocimiento de la estructura de la materia, desde Tales de Mileto —toda materia es, en último término, agua—, pasando por la teoría de los cuatro elementos (tierra, agua, aire y fuego), hasta llegar a las actuales teorías sobre las partículas elementales y la cosmología.

161
Átomo de Dalton.

162
Según Thomson, los electrones están distribuidos por todo el átomo.

Durante más de dos milenios han competido las ideas de Aristóteles, quien sostenía que la materia era continua (se podía proceder a dividir indefinidamente un cuerpo, en partes cada vez más pequeñas, sin que perdiera sus propiedades), con las de Leucipo y Demócrito, quienes suponían que todos los cuerpos estaban constituidos por un gran número de partículas a las que llamaron átomos (átomo = indivisible).

A principios del siglo XIX, John Dalton, partiendo de suponer que cada elemento está formado por átomos iguales entre sí, explicó que los compuestos son combinaciones de átomos de varios elementos, cuyas masas intervienen siempre en la misma proporción.

Siguiendo a Dalton, la mayoría de las sustancias tienen como unidad básica la molécula, la agrupación de unos pocos átomos. Las moléculas de un elemento están formadas por uno o varios átomos iguales, y las de un compuesto dado tienen siempre la misma proporción de átomos de sus elementos componentes.

No hubo, sin embargo, evidencia directa de la existencia de átomos y moléculas hasta que, en 1905, Albert Einstein interpretó el movimiento browniano —pequeñas partículas de polen suspendidas en agua se mueven incesantemente y de forma irregular— como el resultado del choque de las partículas con moléculas de agua no visibles ni con el más potente microscopio. Esta teoría daba una imagen conforme a la realidad y consideraba así probada experimentalmente la existencia de las moléculas y, por extensión, la de los átomos.

Modelos atómicos

A lo largo del siglo XIX va siendo universalmente aceptada la estructura atómica de la materia, y es aplicada al creciente número de elementos ya identificados. Se constatan ciertas periodicidades en las propiedades químicas y se intenta imaginar la estructura de los átomos.

El estudio de los rayos catódicos permitió, en 1894, a J. J. Thomson proponer un modelo formado por una esfera sólida de una materia eléctricamente positiva en medio de la cual estaban embutidos los electrones como las pasas en un pastel (fig. 162). Los rayos catódicos resultaron ser electrones arrancados del cátodo —el electrodo negativo— de un tubo de vacío, bien por efecto de calentamien to o efecto termoiónico, bien por l acción de un campo eléctrico intenso Otro modelo suponía una masa eléc tricamente neutra con diversos pare de cargas de signos diferentes distri buidos en ella.

163
En el experimento de Geiger y Mardsen, las pantallas detectoras se hallaban dispuestas alrededor de la lámina de oro bombardeada con partículas α.

Modelo de Rutherford

En 1911, Ernest Rutherford pro puso a sus colaboradores Geiger y Mardsen el estudio de la dispersión por una fina lámina de oro (10^{-7}m) de un haz de partículas α emitidas po una sustancia radiactiva (fig. 163).

El resultado fue que, aunque l mayoría no eran desviadas, alguna sufrían alguna dispersión; y unas po cas, una desviación muy acentuada Por último, una pequeña proporció de partículas rebotaban en la lámina y eran repelidas. La experiencia se interpretó como una clara demostración d la existencia de una concentración d masa, cargada positivamente, en un región relativamente pequeña (10^{-1} veces el átomo) a la que se llamó núcleo. El modelo de Rutherford suponía también que los electrones orbitaban alrededor del núcleo como en un sistema planetario (fig. 164).

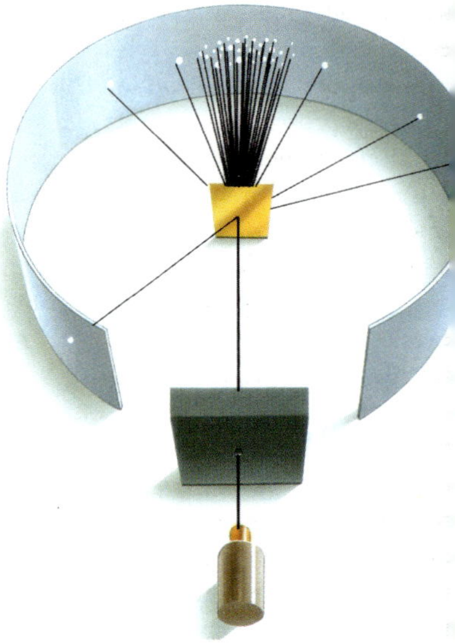

164
Los electrones del átomo de Rutherford giran alrededor del núcleo, como los planetas en un sistema planetario.

El núcleo

Como se había comprobado que el átomo emitía partículas α y β y radiaciones γ que debían de proceder del núcleo, fueron considerados éstos sus componentes. Sin embargo, con las partículas α y β no era posible construir ni el átomo de hidrógeno, el átomo más ligero. Cuando en 1919 Rutherford aisló su núcleo positivo, lo consideró un componente básico de todos los demás y lo llamó *protón* (el primero); y sugirió, además, la existencia de otro componente eléctricamente neutro y de masa similar, al que llamó *neutrón*, que fue finalmente identificado por James Chadwick en el año 1932.

Con ello quedaba definida la estructura primaria del núcleo de un átomo cualquiera. El número de protones (Z) se denomina número atómico, que es el mismo para todos los átomos de un elemento químico. El número total de protones y neutrones es el número de masa (A), por lo general superior a $2Z$, el cual no define a un elemento químico, puesto que átomos de un mismo elemento pueden contener distinto número de neutrones, en cuyo caso reciben el nombre de isótopos de dicho elemento. La mayoría de elementos químicos contiene una proporción prácticamente constante de sus diversos isótopos. Las propiedades químicas dependen exclusivamente del número de electrones y de su distribución en la corteza, y no varían para los distintos isótopos de un mismo elemento. Finalmente cabe señalar que el número de electrones en la corteza de un átomo coincide con el número atómico Z y con el número de protones del núcleo, puesto que el átomo es eléctricamente neutro.

Una pregunta queda en el aire. Si el núcleo reúne varias cargas positivas en una pequeña región y sabemos que cargas del mismo signo son sometidas a mutuas repulsiones electrostáticas, ¿cuál es la fuerza que las mantiene unidas? La energía de enlace entre las partículas del núcleo es debida a la interacción fuerte (ver *Las partículas elementales*).

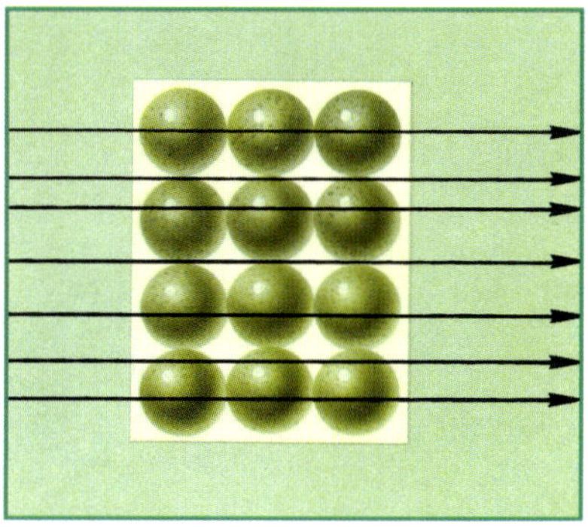

165
La mayoría de las radiaciones atraviesa una pequeña capa de átomos: según Thomson, éstos eran macizos pero blandos.

166
Algunas partículas α eran desviadas y unas pocas rebotaban: existe una concentración de masa cargada positivamente.

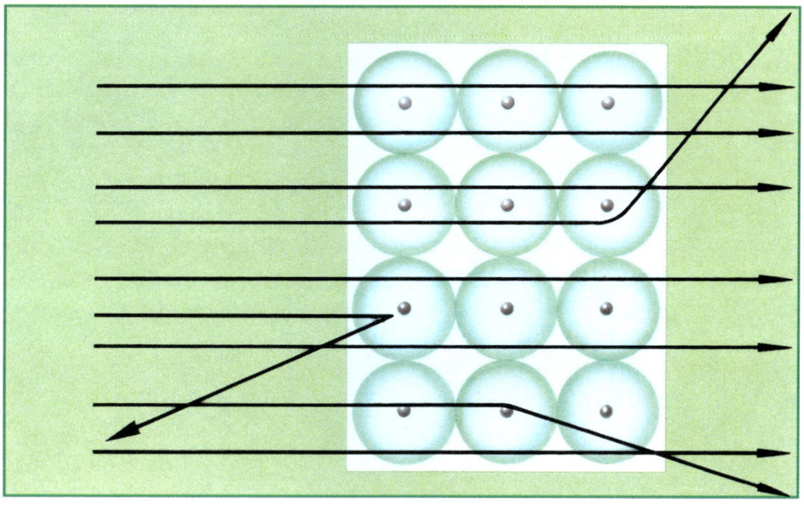

Radiactividad y energía nuclear

En 1896, Henri Becquerel descubrió casualmente que la pechblenda (una sal de uranio) emitía espontáneamente unas radiaciones que impresionaban las placas fotográficas. Estudió su poder de penetración y su comportamiento al cruzar campos eléctricos y magnéticos y dedujo la existencia de radiaciones de tres tipos, a las que llamó α, β y γ. Estas mismas radiaciones eran emitidas por otros compuestos del uranio y, con mayor intensidad, por el uranio puro. Los esposos Curie comprobaron que el polonio y el radio, que recientemente habían aislado, eran mucho más radiactivos.

La radiación α —la de menor poder de penetración— resultó estar formada por partículas cuya masa era la del helio y cuya carga era positiva y doble que la del electrón. La radiación β consistía en electrones, mientras la más penetrante, γ, era una radiación electromagnética sin carga ni masa (fig. 168).

167
Ciertos átomos existentes en la naturaleza emiten espontáneamente una partícula: es la radiactividad natural.

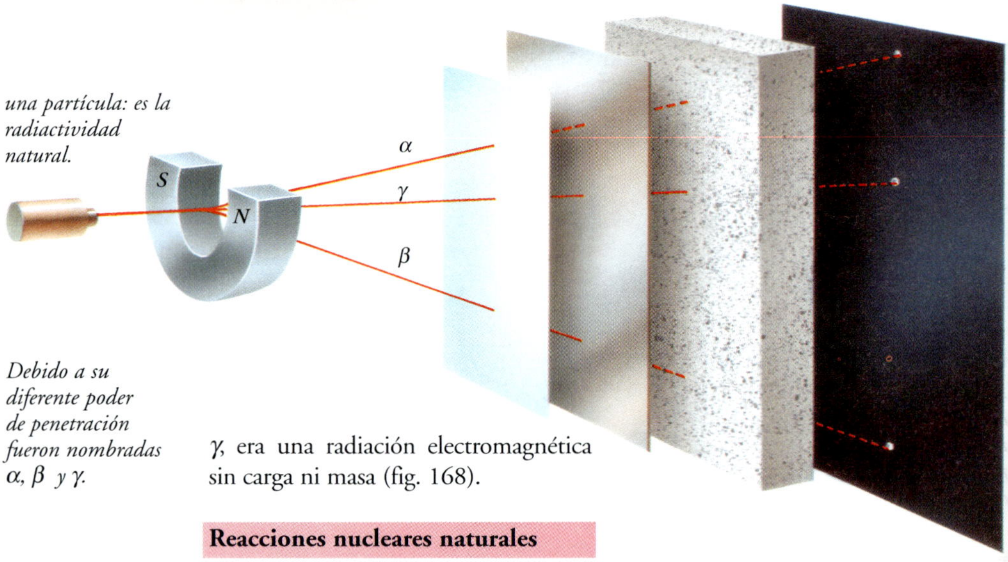

168
Un campo magnético permite separar las diversas radiaciones emitidas por una muestra radiactiva.
Debido a su diferente poder de penetración fueron nombradas α, β y γ.

Reacciones nucleares naturales

Cuando un núcleo atómico emite una partícula α, su número atómico disminuye en dos unidades; y su número másico, en cuatro.

La emisión de una partícula β hace aumentar en 1 el número atómico sin variar el número de masa. ¿Cómo puede un núcleo —positivo— emitir un electrón? En 1934, Fermi interpretó que el neutrón es una partícula inestable y, al cabo de un cierto tiempo de ser aislado, se transforma en un protón, un electrón y un antineutrino. Si el proceso tiene lugar en el núcleo, el electrón puede ser emitido si cuenta con la energía suficiente. El protón que aparece hace que Z crezca en una unidad.

La emisión de radiación γ se produce cuando un núcleo excitado vuelve a su estado fundamental.

Cuando un núcleo radiactivo emite una radiación puede dar lugar a un nuevo núcleo que sea, a su vez, inestable, con lo que el proceso sigue, con emisión de nuevas partículas, hasta conseguir un núcleo estable, completando así una serie radiactiva.

Constantes radiactivas

Para medir la mayor o menor radiactividad de una sustancia se han definido diversas magnitudes:

Constante radiactiva (γ): probabilidad, por unidad de tiempo, de que un núcleo se desintegre.

Período de semidesintegración (T): tiempo que tarda un determinado número de núcleos en reducirse a la mitad.

Vida media (τ): la media de la vida de todos los núcleos.

169
Si se bombardea con diversas partículas el núcleo de un átomo puede convertirse en inestable y emitir alguna radiación: es la radiactividad artificial.

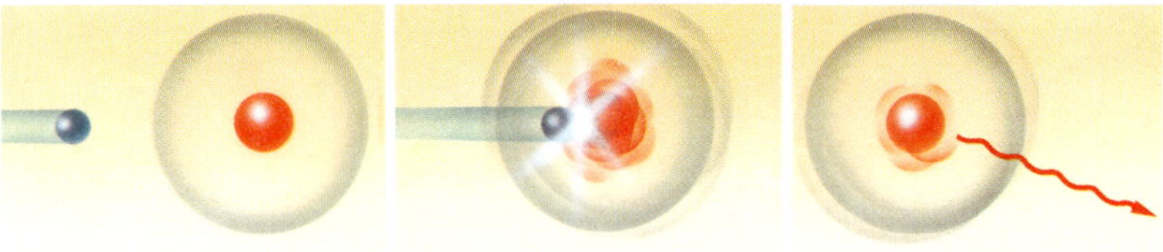

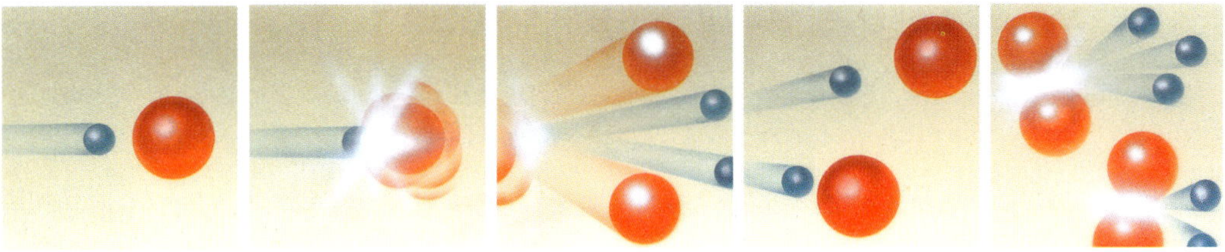

170
Fisión. Si un neutrón incide sobre un núcleo de uranio, lo divide en dos partes aproximadamente iguales y se emiten, además, dos o tres nuevos neutrones. Éstos pueden, a su vez, incidir sobre otros núcleos vecinos y producir de esta forma una reacción en cadena.

Actividad radiactiva (A) de una muestra es el número de desintegraciones que se produce en ella por segundo. Se mide en curie (1 Cu = $3{,}7 \times 10^{10}$ desintegraciones por segundo).

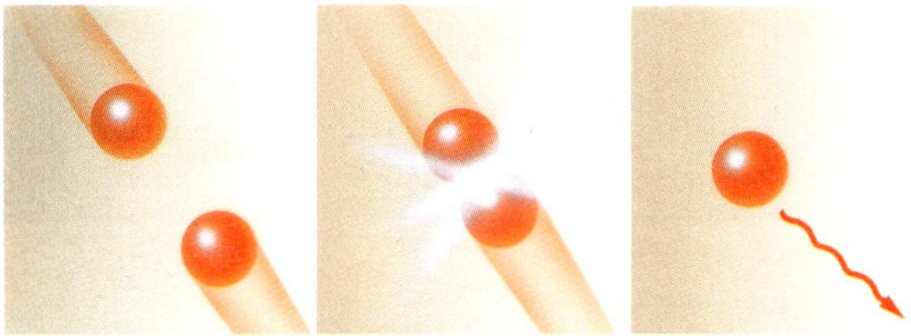

171
Fusión. Dos núcleos ligeros precisan de una gran energía para que logren chocar entre sí. Si lo consiguen, pueden dar lugar a un núcleo de número atómico mayor.

Defecto de masa y energía de enlace

Al considerar las masas reales de las partículas, y no el número másico, se comprueba que en las reacciones nucleares no se conserva la masa. Sin embargo, la transformación relativista $E = m \cdot c^2$, en donde m es el aumento o disminución de masa en una determinada reacción, y c es la velocidad de la luz, nos permite afirmar que se conserva el conjunto masa–energía, tal como comprobaremos si medimos todas las manifestaciones energéticas que acompañan al proceso.

La desaparición de una pequeña cantidad de masa se traduce en una emisión energética, y viceversa. Así, la masa de un núcleo es siempre inferior a la suma de las masas de los nucleones que lo integran. El defecto de masa se ha transformado en la energía de enlace que los mantiene unidos y que será la energía que deberemos comunicar al núcleo si queremos separar sus partículas constituyentes.

Esta energía corresponde a la existencia de una fuerza nuclear entre las partículas del núcleo (interacción fuerte) que, para distancias pequeñas, tiene una intensidad mucho mayor que la repulsión electrostática.

Reacciones nucleares provocadas

Desde 1919 se utilizan las partículas conocidas para bombardear núcleos de átomos estables y estudiar los resultados (fig. 169). La mayoría de los avances en física subatómica se ha debido a la utilización de proyectiles cada vez más energéticos, lo que ha permitido la detección de un enorme conjunto de nuevas partículas (ver *Las partículas elementales*). Así mismo se han construido elementos no conocidos, como los de número atómico mayor que el del uranio (Z = 92).

Reacciones en cadena

En el proceso radiactivo correspondiente a la ruptura (fisión) en dos partes aproximadamente iguales de los núcleos de algunos átomos pesados (como el uranio 235) se produce, además de una gran cantidad de energía, la emisión de dos o tres neutrones, que pueden incidir sobre otros núcleos vecinos, romperlos a su vez y originar una reacción en cadena que, una vez iniciada, se mantiene por sí misma (fig. 170). El inicio de la reacción es espontáneo con sólo unir una determinada cantidad (masa crítica) de material fisionable. La rapidez de las reacciones y la enorme cantidad de energía desprendida son características de las explosiones nucleares.

Si se procede a frenar los neutrones y a absorber gran parte de ellos, la liberación de energía será graduable y podrá ser utilizada (reactor nuclear).

Otras reacciones en cadena consisten en la fusión de los núcleos de ciertos átomos para dar núcleos más pesados (fig. 171). Son las reacciones habituales en las estrellas y las responsables de su emisión de energía. La construcción de reactores nucleares de fusión es uno de los retos de la tecnología energética de finales del siglo XX.

Efecto fotoeléctrico. Dualidad onda-corpúsculo

Cuando, en 1887, Heinrich Hertz descubrió que la superficie de un electrodo metálico en un tubo de vacío emitía electrones al ser iluminada, interpretó que la energía que suministra la radiación luminosa sirve para arrancar los electrones del metal y permitir el paso de corriente a través del tubo. Al considerar la luz como una onda, tal como había establecido Maxwell, el efecto fotoeléctrico se producía siempre que la intensidad luminosa fuera suficiente; y si aumentamos la frecuencia de la radiación incidente, aumenta la energía de los electrones emitidos.

Experimentalmente se observó, sin embargo, que, para un metal determinado, sólo se detecta el paso de corriente si la luz tiene una frecuencia igual o superior a un valor umbral (ν_o) (fig. 172). Para frecuencias inferiores no se produce el fenómeno aunque se incremente la intensidad luminosa. Para radiaciones de frecuencia superior, la corriente aumenta con dicha intensidad luminosa.

Interpretación de Einstein

Los resultados experimentales sobre el efecto fotoeléctrico fueron explicados por Einstein en 1905, utilizando el concepto de *quantum*, introducido por Max Planck. Se reintroducía así la naturaleza corpuscular de la luz al suponerla formada por fotones individuales, a cada uno de los cuales le corresponde una energía E que depende de su frecuencia ν: $E = h \cdot \nu$, en donde h es la constante de Planck, cuyo valor es $6{,}6 \times 10^{-34}$ J·s.

Un electrón del haz que choca con un electrón de un átomo de la superficie, lo arranca sólo si su energía (es decir, su frecuencia) es suficiente. En caso contrario, para frecuencias inferiores, rebotará y, aunque aumente el número de fotones, éstos no arrancarán electrones y no circulará corriente, de acuerdo con los resultados experi-

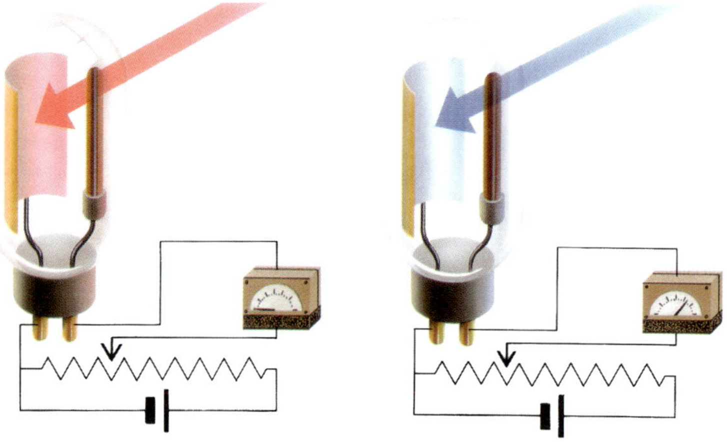

172

Es posible que, para algunos materiales, una luz azul produzca efecto fotoeléctrico y no lo produzca una luz roja, aunque la intensidad de ésta sea mayor.

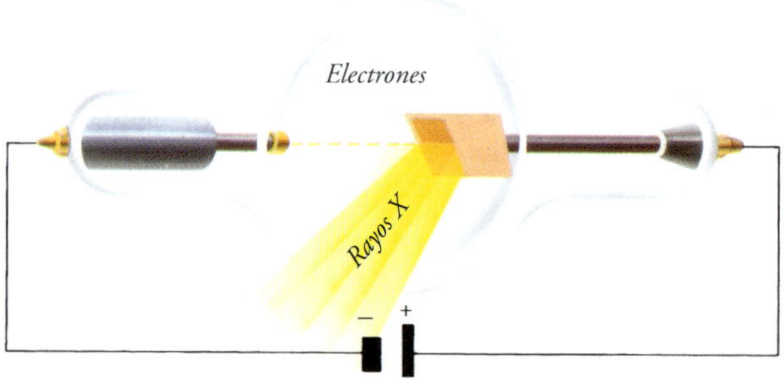

173

Al chocar con el ánodo dispuesto de una manera especial —anticátodo—, los electrones son absorbidos por el metal, pero arrancan de los átomos de éste fotones muy energéticos de rayos X. Sus frecuencias son características del metal.

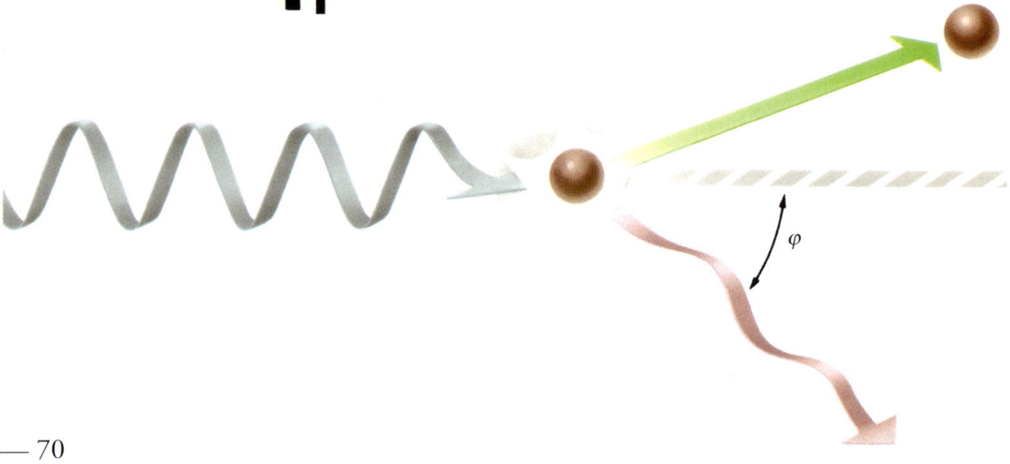

174

Efecto Compton. La energía que el fotón incidente comunica al electrón está relacionada con el ángulo de dispersión. El fotón emergente tiene una longitud de onda mayor.

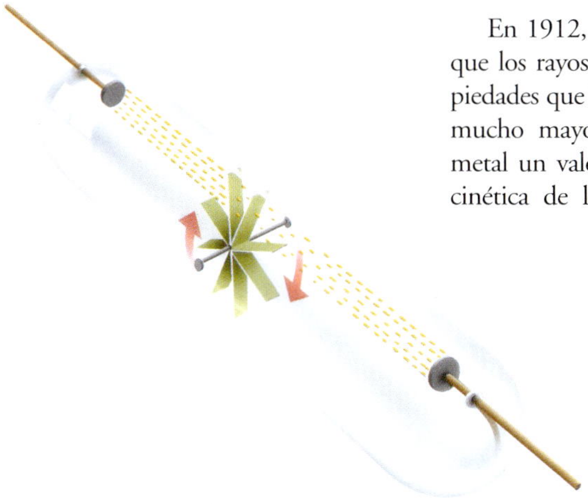

175

Los electrones que inciden sobre las palas hacen que gire el molino: los electrones tienen propiedades corpusculares.

mentales. Un fotón con frecuencia ν, superior a la frecuencia umbral ν_0, comunicará al electrón que arranque una energía cinética igual a la diferencia entre su energía ($h\nu$) y la mínima necesaria ($h\nu_0$) o trabajo de extracción del electrón:

$$E = h\nu - h\nu_0$$

Rayos x

El fenómeno inverso al efecto fotoeléctrico es la generación de rayos X, descubierta por Wilhem Conrad Röntgen (1895) al observar la radiación emitida por un ánodo metálico al chocar los rayos catódicos sobre él (fig. 173).

En 1912, Max von Laue comprobó que los rayos X tienen las mismas propiedades que la luz y sus frecuencias son mucho mayores, existiendo para cada metal un valor máximo ν_m. La energía cinética de los electrones que chocan con el anticátodo se libera en forma de rayos X, mientras no supere el valor $h\nu_m$.

El efecto Compton

En 1923, Arthur H. Compton descubrió que si un fotón choca con un electrón, se comporta como un corpúsculo, de manera que las dos partículas se desvían como dos bolas elásticas que choquen: habrán intercambiado energía cinética y cantidad de movimiento. En efecto, la energía del fotón emitido después del choque es diferente de la del incidente, pues, como se puede comprobar, lo son sus frecuencias respectivas. El electrón recibe una energía cinética igual a la diferencia entre la energía del fotón incidente y la del dispersado (fig. 174).

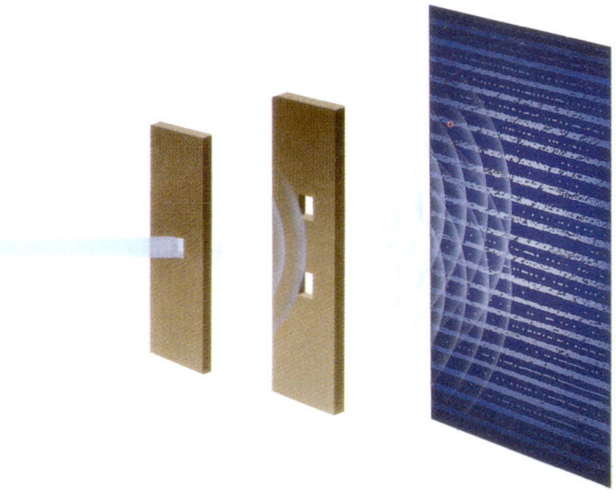

176

Cuando un haz de electrones atraviesa las dos rendijas de un dispositivo como el de la figura, aparecen franjas de difracción: los electrones tienen propiedades ondulatorias.

Dualidad onda-corpúsculo

La teoría ondulatoria clásica explica los fenómenos de propagación de la luz, interferencias, difracción, polarización, etc. Sin embargo, los fenómenos descritos en este capítulo confieren a la luz un comportamiento corpuscular. Debemos admitir que la luz posee una doble naturaleza, ondulatoria y corpuscular, aspectos que se complementan entre sí y que aparecen como dos formas distintas de percibir una misma realidad (figs. 175 y 176).

En 1924, Louis de Broglie amplió este razonamiento a las partículas consideradas hasta entonces como materiales: la materia debe tener también un comportamiento ondulatorio que se pondrá de manifiesto siempre que se realicen los experimentos en las condiciones adecuadas. Pocos años después se comprobaba la dispersión sufrida por un haz de electrones al chocar con la red formada por los átomos de un cristal, experiencia en todo análoga a la dispersión de la luz. Todo cuerpo material tiene una onda asociada, cuya longitud de onda (λ) corresponde al cociente entre h (constante de Planck) y p (cantidad de movimiento = $m \cdot v$). Las características ondulatorias solamente tienen importancia para partículas atómicas.

La adscripción de un comportamiento ondulatorio a la materia y su coexistencia con la idea de corpúsculo nos impide utilizar imágenes conocidas para comprender la realidad. Debemos recurrir a descripciones más abstractas, limitándonos a dar los valores de las propiedades conocidas y admitiendo que algunas de las propiedades del mundo macroscópico son improcedentes en el mundo de las partículas.

La corteza atómica. Mecánica cuántica

El modelo de Rutherford sobre la envoltura electrónica estaba en contradicción con la electrodinámica clásica, para la cual una carga eléctrica acelerada —y un electrón girando alrededor del núcleo sufre una aceleración centrípeta— emite energía de forma continua. Según esto, el electrón debería perder rápidamente su energía y caer sobre el núcleo.

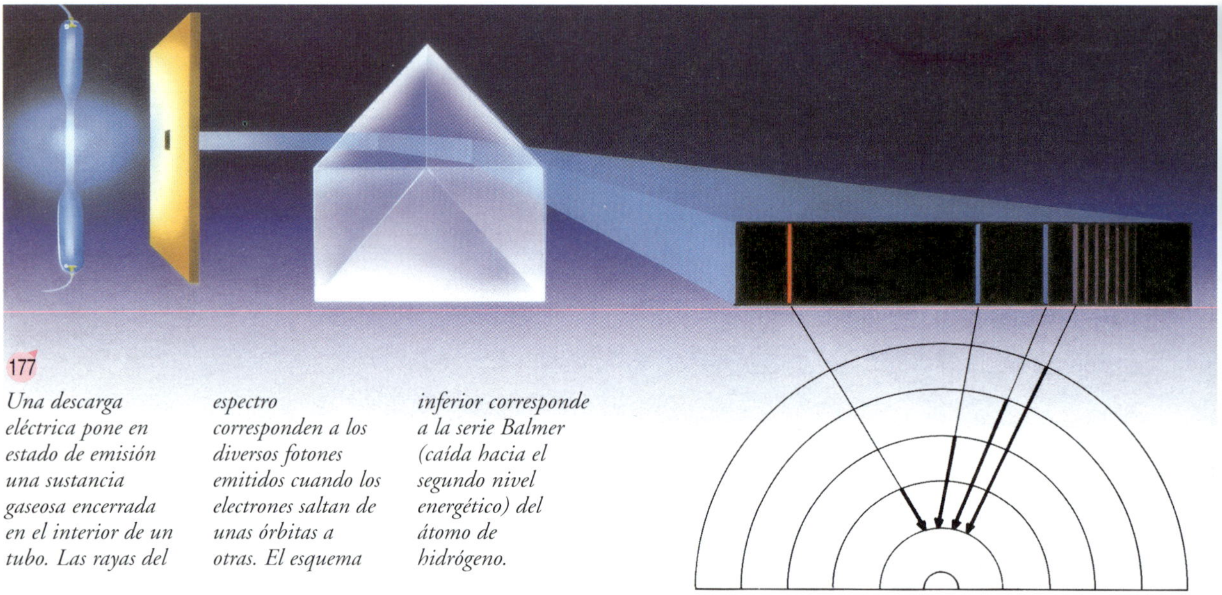

177
Una descarga eléctrica pone en estado de emisión una sustancia gaseosa encerrada en el interior de un tubo. Las rayas del espectro corresponden a los diversos fotones emitidos cuando los electrones saltan de unas órbitas a otras. El esquema inferior corresponde a la serie Balmer (caída hacia el segundo nivel energético) del átomo de hidrógeno.

Espectros

Cuando ponemos de manifiesto un conjunto de radiaciones electromagnéticas, obtenemos su espectro. Cuando la luz blanca atraviesa un prisma y se descompone en los colores del arco iris, produce un espectro continuo en el cual las radiaciones componentes se encuentran ordenadas según su frecuencia. Otros espectros son discontinuos y contienen únicamente ciertas radiaciones que, en el caso de los espectros visibles, aparecen como rayas.

El espectro emitido por los átomos de un determinado elemento químico es discontinuo y está formado por un conjunto de rayas específicas de cada elemento. Una raya del espectro tiene una frecuencia fija, lo cual indica que los átomos emiten energía sólo de forma discreta.

El átomo de Bohr

Para interpretar el espectro del hidrógeno, el átomo más sencillo, Niels Bohr estableció en 1913 unos postulados según los cuales un electrón sólo puede moverse alrededor del núcleo en ciertas órbitas permitidas, en las que tiene una energía fija y determinada; por lo tanto, mientras se mantenga en ellas, no emite energía. Cada nivel ener-

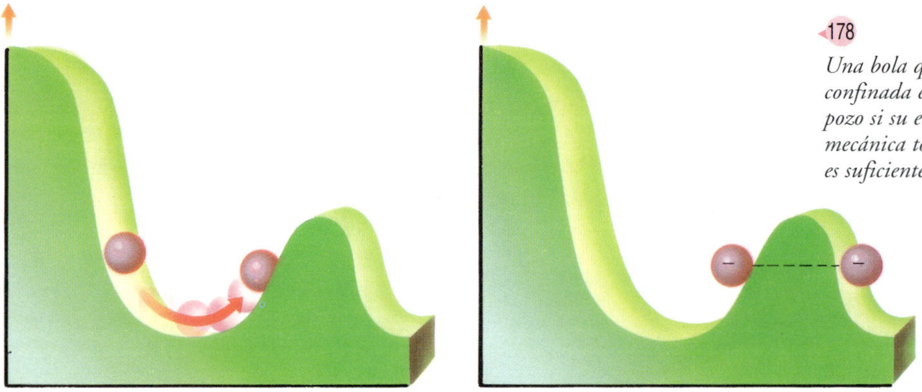

178
Una bola queda confinada en un pozo si su energía mecánica total no es suficiente para que escape de sus límites. Un electrón, en cambio, podrá atravesar una barrera de potencial suficientemente estrecha, aunque su energía total sea inferior a la cima de la barrera (efecto túnel).

gético viene caracterizado mediante el llamado *número cuántico principal*, *n*, que es un número entero (1, 2, 3...). Un electrón absorbe o emite energía en forma de un fotón al saltar de una órbita a otra más externa o más interna, respectivamente (fig. 177).

Con posterioridad se ha ido ajustando este modelo, al que se han añadido sucesivos subniveles energéticos.

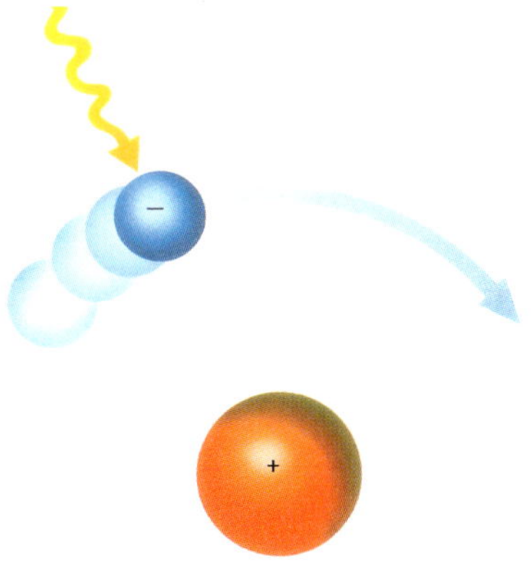

179
Para observar un electrón se debe iluminar con fotones. Cuando un fotón incide sobre el electrón modifica sustancialmente su cantidad de movimiento.

¿Qué forma tienen las órbitas? ¿Son fijas o varían con el tiempo? Nuestra visión del mundo macroscópico influye en la idea que nos forjamos de los fenómenos atómicos, pero parece que éstos se resisten a ser interpretados con imágenes que nos sean familiares.

El movimiento de los cuerpos ha sido descrito y analizado en los apartados anteriores a través del formalismo llamado mecánica clásica. Si aplicamos las mismas leyes a las partículas elementales, los resultados obtenidos distan mucho de describir adecuadamente los fenómenos que se observan. Un electrón no puede ser considerado como una partícula que gira alrededor del núcleo.

Principio de incertidumbre

Para describir el comportamiento de una partícula, debemos considerar su onda asociada. El propio proceso de medición de sus características corpusculares conlleva la modificación significativa e imprevista de la magnitud medida. Este comportamiento aparentemente extraño se explicita en el principio de indeterminación de Heisenberg, según el cual, si queremos conocer con precisión la posición de una partícula en el espacio, ello será a expensas de una imprecisión en el cálculo de su velocidad (o su cantidad de movimiento) (fig. 179). Lo mismo cabe decir de otros diversos pares de magnitudes como tiempo y energía.

Como consecuencia, la trayectoria de una partícula es un concepto que no puede ser definido de manera precisa y, por lo tanto, no es posible adjudicarle el significado que tiene para cuerpos de dimensiones mayores. Queda, así mismo, muy reducido el uso de conceptos como velocidad, aceleración y fuerza.

Mecánica cuántica

Para describir el comportamiento de un electrón alrededor del núcleo se ha elaborado un cuerpo teórico que, en esquema, se reduce a:

— el electrón viene representado por una onda estacionaria, confinada en una pequeña región del espacio alrededor del núcleo, cuya amplitud es variable para los diversos puntos de dicha zona, y sus valores se especifican en una función de onda;

— la probabilidad de encontrar una partícula en un punto está relacionada con el valor de la función de onda en él.

No podemos hablar de la órbita descrita por el electrón, sino que nos referiremos a un orbital: la zona centrada en el núcleo, en la que es máxima la probabilidad de encontrar un electrón con una energía determinada (fig. 180).

Un orbital corresponde a un estado estacionario de energía del electrón. Su número cuántico principal determina su energía y su tamaño relativo.

Para identificar un orbital son necesarios otros números cuánticos. La

180
Los orbitales atómicos tienen formas diversas: esféricos, con dos lóbulos simétricos respecto al núcleo (tres orbitales equivalentes), u otras más complejas.

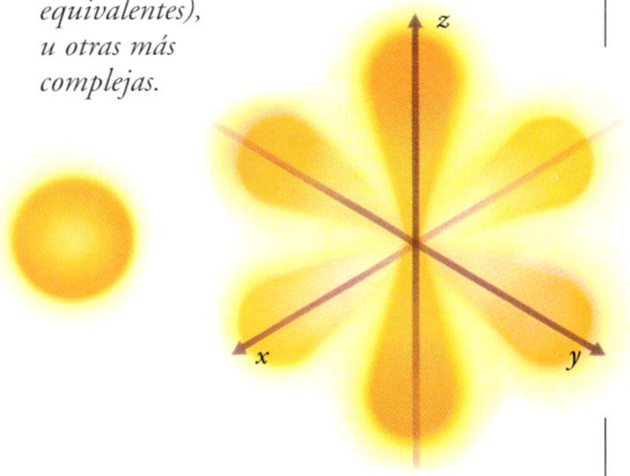

cuantización del momento angular, que determina su forma, se resume en el número cuántico secundario *l*, cuyos valores enteros oscilan entre 0 y *n-l*.

Se acostumbra a designar los valores de l (0, 1, 2, 3,...) con letras (*s*, *p*, *d*, *f*, *g*, etc.).

La orientación espacial del orbital viene consignada en *m*, el número cuántico magnético; *s* (spin) es el número cuántico que da cuenta del momento cinético intrínseco del electrón su rotación sobre sí mismo, y puede tener dos valores para electrones en un mismo orbital.

El principio de exclusión, enunciado en 1925 por Wolfgang Pauli, establece que dos electrones de un átomo no pueden tener los mismos cuatro números cuánticos, lo cual limita a dos los electrones que caben en un mismo orbital.

Podemos, pues, describir el estado dinámico de un electrón alrededor del núcleo especificando sus cuatro números cuánticos *n*, *l*, *m* y *s*.

La teoría de la relatividad

Hablar de relatividad hace pensar en física moderna. Pero ya en 1905 se publica el trabajo en que Einstein establece sus bases, y el principio de relatividad especial es muy anterior: existe en la física de Galileo y Newton. Según ellos, en un fenómeno apreciado y descrito por más de un observador, las medidas de uno de ellos son equivalentes a las del otro: unas ecuaciones de transformación permiten pasar de unas a otras. Las leyes se cumplen en ambos sistemas.

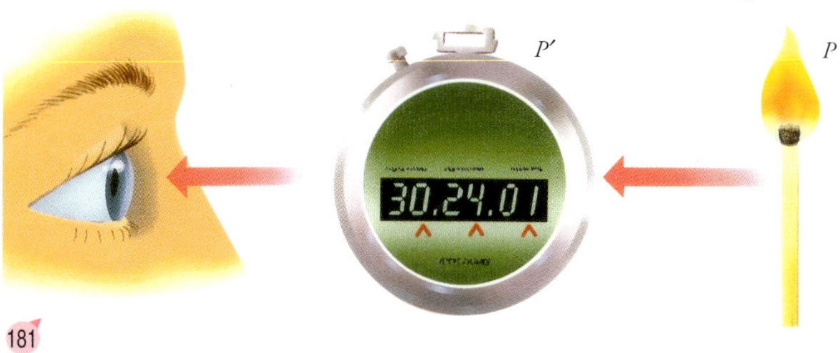

181

Los sucesos de P y P′ aparecen simultáneos para el observador, puesto que los ve simultáneamente. Pero el haz de luz que pasa por P′ ha pasado antes por P; luego no son simultáneos.

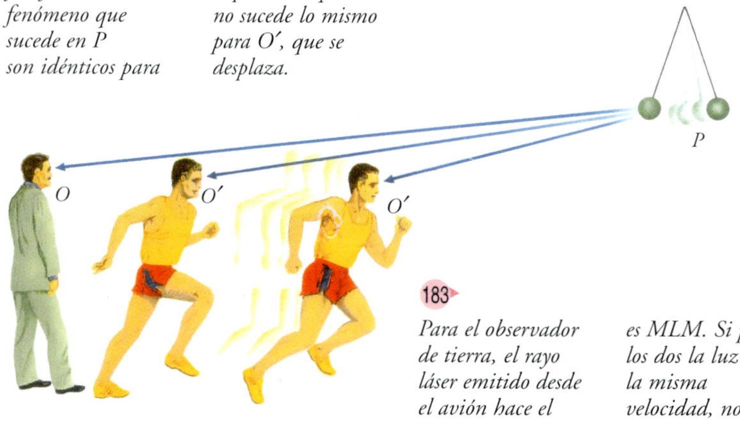

182

Los retrasos en conocer el inicio y el fin del fenómeno que sucede en P son idénticos para O, observador en reposo respecto a P, pero no sucede lo mismo para O′, que se desplaza.

Teoría especial de la relatividad

Einstein introduce dos novedades respecto al principio de Galileo-Newton. La primera es aplicarlo a todos los fenómenos físicos y no sólo a los mecánicos: entre dos sistemas inerciales —los que cumplen la ley de la inercia de Newton— que se mueven el uno respecto al otro, no se puede distinguir mediante ninguna experiencia física cuál está en reposo. No se puede afirmar que un sistema esté en reposo, y no exista observador privilegiado; ningún sistema de referencia es absoluto. En segundo lugar, para extender la relatividad a la electrodinámica de los cuerpos en movimiento, introduce un principio revolucionario: un cuerpo material no puede desplazarse respecto a ningún sistema de referencia a velocidad superior a la que lleva la luz en el vacío.

Este principio —necesario para explicar la fracasada experiencia de Michelson-Morley de detectar el éter mediante diferencias en la velocidad de la luz, según se propague con respecto al movimiento de la Tierra— hace que ciertos fenómenos sean interpretados de distinta forma por la mecánica de Newton y la einsteiniana. En la primera, el tiempo es una magnitud independiente del sistema de referencia. En la segunda, el sistema de referencia debe incluir el tiempo, pues éste no es un valor absoluto, sino que depende de la elección del sistema. Y de aquí surgen las predicciones sorprendentes de la relatividad.

La quiebra aparece al fallar el principio de simultaneidad: dos fenómenos son simultáneos cuando ocurren en el mismo instante. Un observador considera como simultáneos dos fenómenos si los ve al mismo tiempo, y por ello no lo son: el que se produce más lejos tiene que haber sucedido antes (fig. 181). Así, dos sucesos pueden ser simultáneos para un observa-

183

Para el observador de tierra, el rayo láser emitido desde el avión hace el recorrido ALB. Para el del avión, en cambio, el camino es MLM. Si para los dos la luz va a la misma velocidad, no les queda más remedio que admitir que los tiempos empleados son distintos.

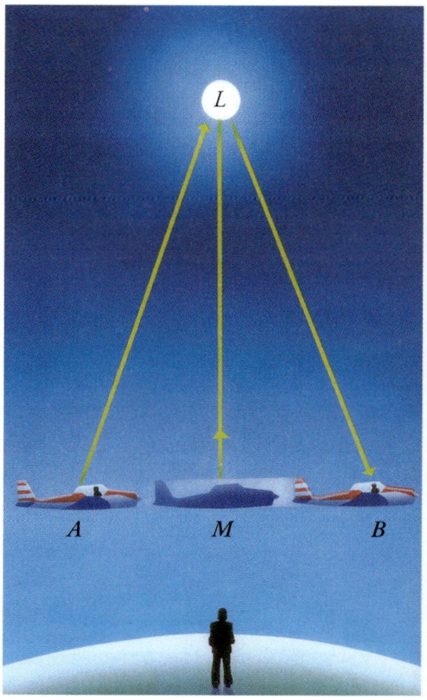

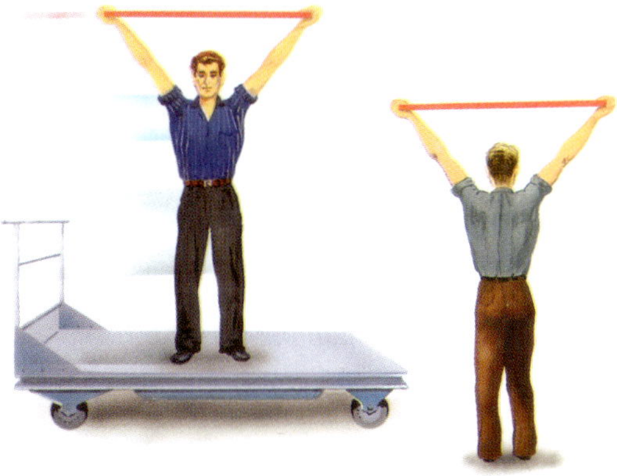

184
Para cada observador, su regla mide un metro y la del otro es menor.

dor y no serlo para otro. La duración de dos fenómenos puede ser idéntica para un observador y no serlo para otro que se desplace respecto al primero, pues la luz que comunica la información recorre diferente distancia al principio que al final (fig. 182).

Una fuerza constante produce una aceleración constante. Aplicada durante un tiempo suficientemente grande, podría permitir la consecución de cualquier velocidad, por grande que ésta fuese, en contradicción con la existencia de un límite de velocidad. Es, pues, de esperar que, al acercarse a c, la velocidad crezca más despacio; es decir, aumente la inercia del cuerpo, su masa (fig. 185).

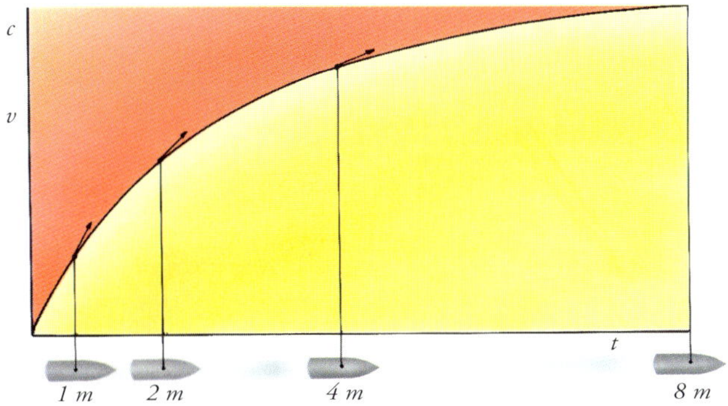

185
Al aplicar una fuerza sobre el cuerpo m, éste aumenta su velocidad cada vez más lentamente, como se ve en la gráfica, tendiendo asintóticamente a c sin alcanzarla jamás.
La teoría de la relatividad postula que un cuerpo que no se mueva a la velocidad c, nunca podrá alcanzarla.

Para el mismo aumento de velocidad se debe recorrer más espacio, y el mayor trabajo necesario para impulsarlo se invierte en aumentar la masa del cuerpo, estableciéndose la equivalencia entre masa y energía:

$$E = m \cdot c^2$$

Este fenómeno ha sido confirmado mediante la utilización de los aceleradores de partículas: a medida que aumenta la velocidad de una partícula se comprueba que crece su masa. Otra de las consecuencias de la igualdad masa-energía consiste en la aparición de pares partícula-antipartícula que se produce al desaparecer una determinada cantidad de energía.

Relatividad general

Hasta aquí se ha tratado de sistemas inerciales, de relatividad especial. Einstein generalizó esta primera teoría para incluir los sistemas no inerciales, definidos intuitivamente como los que se mueven con aceleración. La elaboración de esta teoría general le llevó varios años y, en el proceso, tuvo ciertas vacilaciones. Desde el primer momento introdujo el principio de equivalencia entre los campos gravitacionales y los sistemas de referencia acelerados, lo que le permitió, además, justificar la equivalencia —establecida y no explicada hasta entonces— entre masa inerte y masa gravitatoria. Finalmente, este principio llevó a considerar que los campos gravitatorios curvan el espacio-tiempo.

Esta teoría fue posteriormente confirmada al conseguir una mejor explicación del movimiento de Mercurio, así como al conseguir la observación de la influencia de los campos gravitatorios en la curvatura de los rayos de luz y en la aparición de desplazamientos en las líneas de los espectros luminosos.

Consideración final

Las diferencias entre mecánica clásica y relativista sólo aparecen si el retraso de la información es notable, lo cual no sucede para velocidades relativamente pequeñas, comparadas con la de la luz. De hecho, si se usan las leyes de transformación —ecuaciones de Lorentz— para calcular la desviación relativista de los fenómenos que tengan lugar en dos sistemas que se desplacen, uno respecto al otro, a una velocidad de 50 000 km/s, se encuentran valores inferiores al 1,5 %.

Nuestro sentido común está forjado por la realidad cotidiana: es normal y lógico aquello a lo que estamos habituados, y el resto sorprende. Nos movemos a velocidades mucho menores que la de la luz, con lo que podemos considerar que ésta se transmite de manera instantánea. Y así razonamos habitualmente. Por ello, los fenómenos que aparecen cuando esto no es así nos sorprenden. Sin embargo, si hacemos la constante *c* infinita, las conclusiones de la mecánica relativista coinciden con las de la newtoniana.

El universo

Las culturas primitivas tenían una imagen geocéntrica del mundo, con la Tierra, en general plana, sostenida de diversas maneras (sobre elefantes, tortugas, etc.) y con los astros y las estrellas visibles suspendidos de un techo superior y alejado.

Aristóteles supuso el mundo formado por cuatro elementos —tierra, agua, aire y fuego— dispuestos en esferas concéntricas, alrededor de las cuales otras esferas transparentes, que contenían la Luna, el Sol, los planetas y las estrellas fijas, giraban independientemente alrededor de un eje que pasaba por la estrella Polar.

Los trabajos de Copérnico, Galileo, Kepler y Newton establecieron la dinámica que permitió considerar, sin duda alguna, que los planetas giran alrededor del Sol. A partir de ese momento, el Sol era una estrella más. Así mismo, Galileo comprobó que la Vía Láctea era un conjunto de millones de estrellas demasiado alejadas y numerosas para ser distinguidas a simple vista.

186

El camino recorrido por la luz permite medir distancias. La Luna está a un segundo luz, el Sol a 8 minutos luz, la estrella más cercana (Próxima Centauro) a 4,5 años luz y los objetos más lejanos observados, a diez millones de años luz.

Galaxias

Sin embargo, los bloques básicos del universo no son los cien trillones de estrellas existentes. En 1924, Edwin Hubble observó, por medio de un potente telescopio, que la nebulosa de Andrómeda estaba formada por estrellas individuales, lo que la convertía en una galaxia del tamaño de la Vía Láctea y claramente distanciada de ella (algo más de 2 millones de años luz). Con posterioridad se comprobó que muchas nebulosas eran galaxias, de las cuales se considera que existe un centenar de miles de millones arracimadas en cúmulos de hasta decenas de miles —el «grupo local» tiene diecisiete, siendo las mayores la Vía Láctea y la Nebulosa de Andrómeda.

Origen del universo

La mayoría de científicos supone que la dispersión actual del universo partió de una situación creada hace unos diez o veinte mil millones de años, cuando toda la materia y la energía que podemos constatar actualmente ocupaba una pequeña región, enormemente caliente, e inició una expansión (*big bang*) que no ha cesado y que todavía podemos advertir al observar que las galaxias se alejan unas de otras. La materia fue agrupándose en nubes de gas que giraban y que, lentamente, se convirtieron en conjuntos de millones de puntos luminosos.

La vida de una estrella

Hace unos cinco mil millones de años, las partículas materiales que

187

La radiación luminosa emitida por una galaxia que se aleja se recibe con una frecuencia menor debido al efecto Doppler, es decir, las rayas de su espectro se desplazan hacia la luz roja, y como la velocidad aumenta con la distancia, el desplazamiento hacia el rojo permite medir su posición.

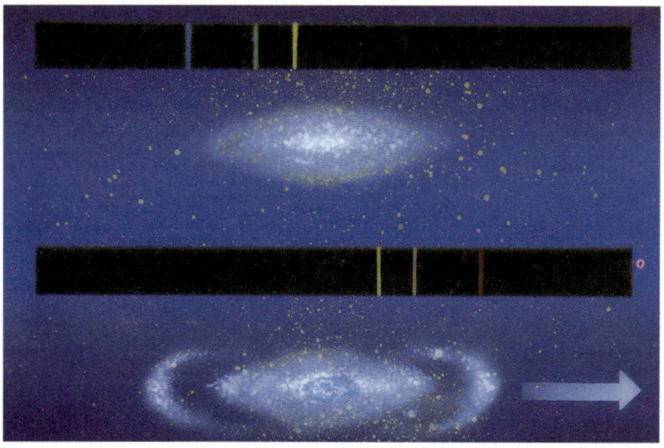

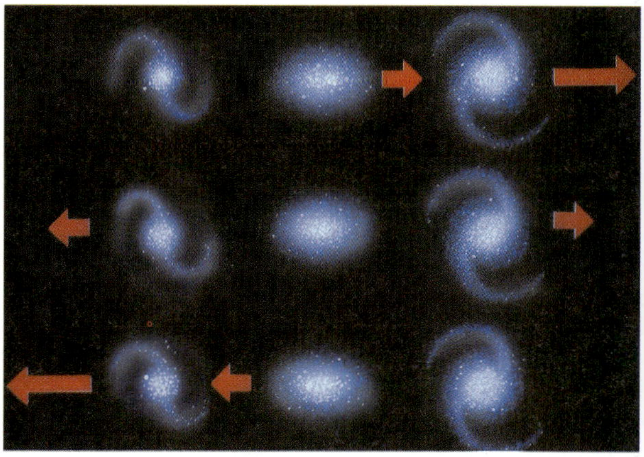

188

La expansión del universo hace que las galaxias se alejen unas de otras. El punto de vista elegido es indiferente.

formaban una de aquellas nubes de gas (unas 10^{58}) empezaron a colapsar —caer todas a la vez hacia una región central— debido a la mutua atracción gravitatoria. El súbito aumento de la densidad hizo proliferar las colisiones entre las partículas, lo cual produjo un incremento de temperatura que inició las reacciones de fusión entre los núcleos de hidrógeno. La consiguiente emisión de energía en forma de fotones detuvo el proceso de contracción, y la nube gaseosa adquirió una forma esférica estable, siguió emitiendo energía luminosa y quedó formado nuestro Sol.

Como el Sol, las estrellas nacen en grupos en un mismo complejo globular —como podría ser la nebulosa de Orión— y, a partir de su formación, siguen después caminos diferentes en el interior de las galaxias debido a la rotación de éstas.

Cuando todo el hidrógeno de las capas internas se haya convertido en helio —dentro de unos cinco mil millones de años—, el núcleo solar sufrirá un nuevo colapso gravitatorio y otro aumento de temperatura que permitirá el inicio de la fusión de los núcleos de helio para formar carbono y nitrógeno. Mientras, las capas exteriores se expandirán hasta alcanzar la dimensión de la órbita terrestre (estrella gigante roja). Cuando finalice la fusión del helio, se expulsará la capa exterior, que producirá una nebulosa planetaria, mientras el núcleo solar se contraerá hasta unos miles de kilómetros de diámetro (estrella enana blanca), y seguirá brillando durante algunos miles de millones de años más hasta que se apague y aparezca como una enana negra.

Si la masa de una estrella es mayor que una vez y media la solar —límite de Chandrasekhar—, la gigante roja correspondiente se convierte en una supernova, al expulsar la mayor parte de su masa en una explosión espectacular, durante la cual se forman elementos pesados, como el hierro. En el centro queda un núcleo compuesto de neutrones, tan próximos entre sí que la estrella de neutrones resultante tiene la densidad del núcleo atómico y un diámetro de unos quince kilómetros. Su rápida rotación —inferior, en muchos casos, a un segundo— hace que sus emisiones sean radioondas y rayos X pulsantes (púlsar). Desde 1967 han sido detectados centenares de púlsares.

En el caso de que la masa residual de la estrella sea superior a 3,6 veces la masa solar, se prevé que el proceso de contracción no cesará hasta que todas las partículas lleguen a ocupar un punto con densidad infinita. La fuerza de atracción gravitatoria impedirá que nada, ni tan sólo los fotones, salga de una zona esférica (el horizonte de sucesos) centrada en el punto. La estrella se convertirá entonces en un agujero negro, que sería observable solamente a través de la atracción gravitatoria que ejercería sobre las masas próximas.

En general, el proceso evolutivo de una estrella es más rápido cuanto mayor sea su masa. Una estrella de gran masa puede llegar a su estado final en cien millones de años.

La evolución futura del universo puede seguir dos caminos: o bien la expansión continuará indefinidamente (universo abierto), o bien llegará un momento en que se detendrá y toda la materia y la energía iniciará una compresión hasta alcanzar una situación como la inicial —*big crunch*: universo cerrado.

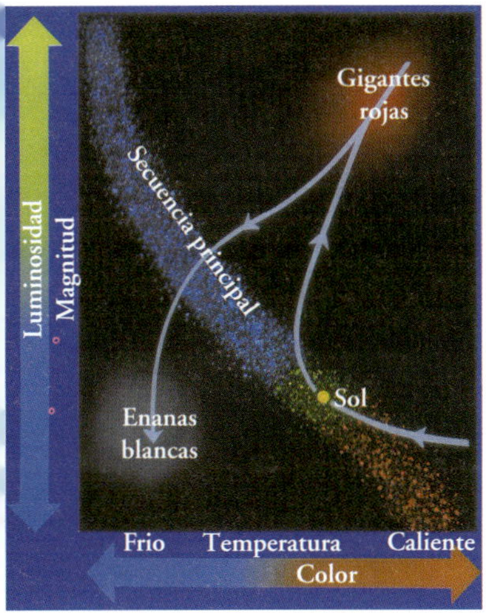

189
El diagrama de Hertzsprung-Russell relaciona la luminosidad absoluta de la estrella con su espectro.

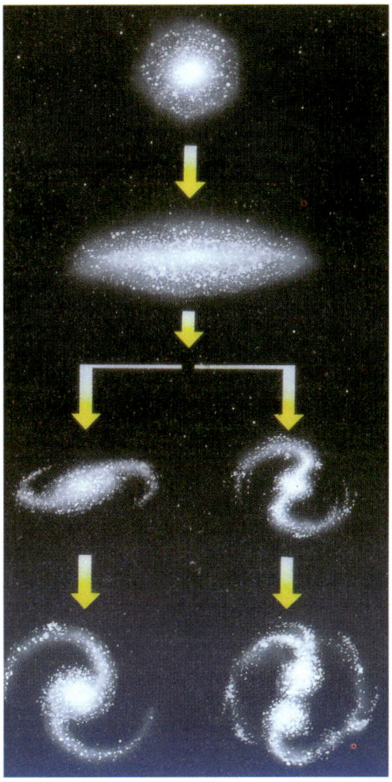

190
Erwin Hubble clasificó las galaxias según su forma y propuso que su evolución corresponde al camino de la figura. Una galaxia esférica puede evolucionar hacia una espiral o una barrada. Las irregularidades no están indicadas.

Las partículas elementales

Los átomos, etimológicamente indivisibles, tienen estructura y se dividen. Están compuestos por protones, electrones y neutrones, partículas que se creyeron elementales; es decir, no compuestas de otras partes más pequeñas. Pero ni son las únicas ni son realmente elementales. Todo induce a creer que están formadas por otras —los quarks— y la ciencia ya se interroga si son éstos los componentes últimos de la materia, cuando apenas ha acabado de dilucidar que existen.

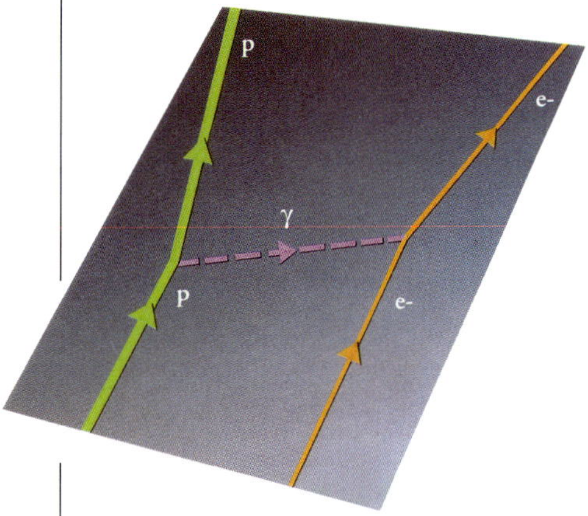

Interacciones y partículas

Hablar de partículas elementales lleva a considerar las interacciones entre ellas. El comportamiento de las partículas, su desintegración, va ligado al tipo de interacciones implicadas.

Se conocen cuatro interacciones fundamentales, que, por orden de intensidad, reciben los nombres de: fuerte, electromagnética, débil y gravitatoria. De vez en cuando se publica el descubrimiento de una quinta interacción. Cuatro interacciones parecen muchas cuando ha sido muy útil el principio de máxima simplicidad: elegir las teorías que precisen el mínimo número de elementos, de hipótesis, ha hecho avanzar enormemente a la ciencia. En este campo, los esfuerzos de los físicos se dirigen en gran parte hacia establecer teorías de unificación que manejen las distintas interacciones como una sola con diferentes aspectos. Se ha podido integrar la interacción débil con la electromagnética en una teoría que las implica matemáticamente. Como las teorías que describen las cuatro interacciones tienen la misma forma, se llega a una teoría llamada *de la gran unificación* que une la fuerte con la electrodébil, e incluso a una teoría *de la supergravedad* que incluiría la gravitatoria.

En una interacción electromagnética, las partículas intercambian un fotón virtual (fig. 191), y en una gravitatoria intercambiarían un gravitón, partícula no detectada hasta la fecha. El fotón y el gravitón son partículas cuya masa en reposo es nula, de acuerdo con el alcance infinito de la interacción.

Las fuerzas débil y fuerte son de alcance finito, con lo que las partículas de intercambio tienen masa no nula. En la interacción fuerte —responsable de la unión de las partículas en el núcleo atómico— interviene el mesón π predicho por Yukawa en 1935, y en la interacción débil se intercambia el bosón *W*.

191

La emisión y la captura de la partícula de intercambio (un fotón virtual en este caso) se producen en los puntos de inflexión de las trayectorias.

Clasificación

Una partícula se caracteriza por multitud de propiedades cuantizadas, de las cuales, algunas se conservan a lo largo de cualquier proceso —energía, carga eléctrica, espín, isospín, carga bariónica, carga leptónica, etc.—, y otras pueden variar en determinados casos —paridad, extrañeza, etc.—. Los nombres de las propiedades pueden tener alguna relación con su comporta-

192

Características de algunas partículas. El isospín permite tratar como una sola partículas que sólo se diferencian en la carga eléctrica. El número bariónico indica los protones que se obtendrían por la desintegración de una partícula, y de manera parecida se definen el número leptónico, la extrañeza y el encanto. J es el momento angular del espín. Si al cambiar derecha por izquierda y viceversa no cambia la partícula, su paridad será positiva, y negativa en caso contrario.

Partícula	*Símbolo*	*Masa (MeV)*	*Carga*	*Isospín*	*Momento angular de espín*	*N.º bariónico*	*Extrañeza*	*Paridad*
Fotón	γ	0	0		1	0	0	
Neutrino	ν	0	0		1/2	0	0	
Protón	*p*	938,3	1	1/2	1/2	1	0	+
Neutrón	*n*	936,6	0	-1/2	1/2	1	0	+
Electrón	*e*	0,511	-1		0	0	0	
Mesón	π	139,6	-1,0,1	1	0	0	0	-
Mesón	ρ	750	1,0,1	1	1	0	0	-
Hiperón	Λ	1.115,6	0	0	1/2	1	-1	+
Hiperón	Σ	1.190	-1,0,1	1	3/2	1	-1	+
Hiperón	Ξ	1.318	2,0-1	1/2	1/2	1	-2	+
Quark up	*u*	5	2/3	1/2	1/2	1/3	0	
Quark down	*d*	8	-1/3	1/2	1/2	1/3	0	
Quark Strange	*S*	150	-1/3	1/2	1/2	1/3	-1	

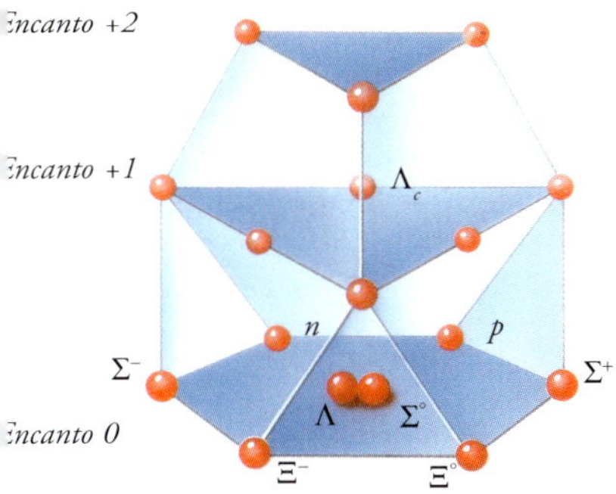

193
Uno de los intentos para clasificar las partículas elementales es el camino óctuple. Diversas figuras tridimensionales permiten clasificar partículas y resonancias conocidas y hacer predicciones.

miento —extrañeza—. En ciertos casos no existe relación alguna con la propiedad macroscópica del mismo nombre —encanto, sabor, color— (fig. 192).

Una clasificación de las partículas permite separar fermiones —espín semientero— y bosones —espín entero—, según sigan las estadísticas de Fermi-Dirac o las de Bose-Einstein, diferenciadas, básicamente, en que en la primera se cumple el principio de exclusión de Pauli y en la segunda no.

También se pueden clasificar según las fuerzas a las que son sensibles. Así, los hadrones son afectados por las cuatro interacciones, mientras que los leptones no responden a la interacción fuerte y los fotones son insensibles a la fuerte y a la débil.

Los fotones tienen masa nula. Los leptones —electrón, muón, tauón y los neutrinos— son de masa muy pequeña, mientras que los mesones tienen masa intermedia; los bariones —protón y neutrón—, masa semejante; y los hiperones, por último, tienen una masa mayor que los anteriores. Al hablar de masa se considera siempre que se trata de la masa en reposo; es decir, referida a un sistema respecto al cual la partícula no se mueve.

Para cada partícula existe una antipartícula con su misma masa pero con carga eléctrica, bariónica y leptónica opuestas; y, con ellas, otras características como el isospín y la extrañeza. El positrón es la antipartícula del electrón; y el antineutrino, la del neutrino Algunas partículas, como el fotón, son su propia antipartícula.

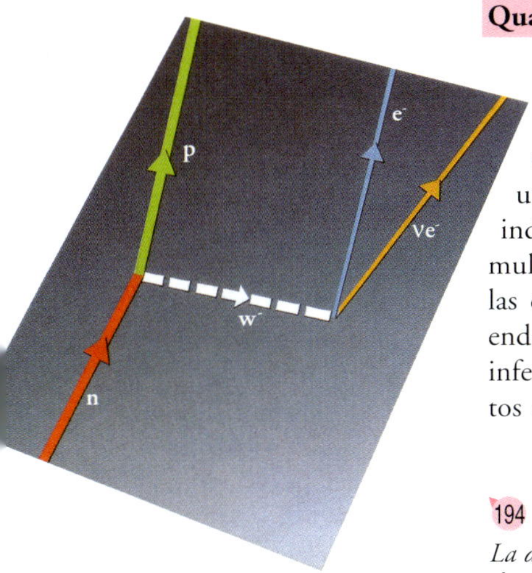

194
La desintegración de un neutrón da un protón, un electrón y un antineutrino, tal como se representa en este diagrama de Feymann.

Quarks

El número de partículas es muy elevado —centenares—, y se desintegran descomponiéndose unas en otras (fig. 194), lo cual ha inducido a agruparlas en familias o multipletes (fig. 193) y a considerarlas dotadas de una estructura y, por ende, de unos componentes de nivel inferior: los quarks. Éstos son los sujetos de la fuerza fuerte; y la partícula de intercambio es una nueva partícula: el gluón.

Los quarks eran inicialmente tres y, junto con seis leptones y las antipartículas de cada uno, constituirían los componentes últimos de la materia. Los leptones serían simples; los mesones estarían constituidos por la unión de dos quarks; y los bariones, de tres. Las cargas eléctrica y bariónica de los quarks puede ser ± 1/3 y ± 2/3. La sucesiva aparición de nuevas partículas y la necesidad de introducir nuevas propiedades obligó a desdoblar cada quark (cada sabor de quark) en tres colores —rojo, verde y azul—, así como también a establecer el número de sabores en seis —*up, down, charm, strange, top y bottom*—, a semejanza de los leptones.

Tal proliferación de partículas y antipartículas lleva a buscar algún tipo de relación que permita, o bien hallarles una estructura, o bien mostrar que son distintos aspectos de una misma partícula que responden a diversos aspectos o situaciones de una única interacción.

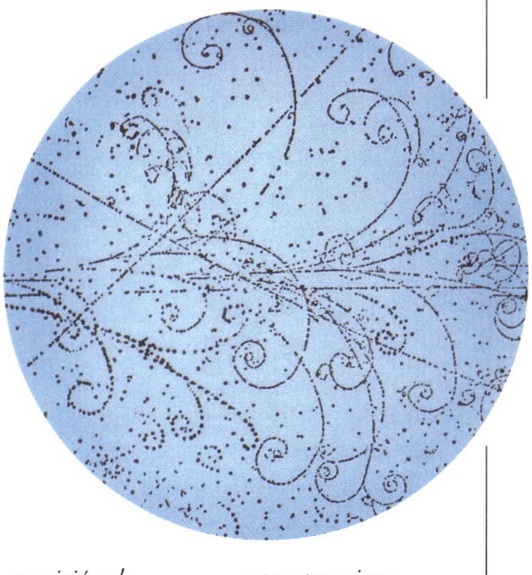

195
A partir de la energía suministrada por el acelerador, se produce la aparición de parejas partícula–antipartícula que, por tener cargas opuestas, giran en sentidos contrarios bajo la acción de un campo magnético.

Materia y energía

En física ha dominado el principio filosófico y mecanicista de causalidad: la relación entre causa y efecto —el fenómeno— ha estado en la base de sus trabajos. También impregna este libro, y a menudo recurrimos a las fuerzas que producen un fenómeno para justificar que suceda: así se ha hecho en la el apartado *Movimientos no rectilíneos*. Su ventaja es que el de fuerza es un concepto muy extendido, intuitivo. Otros métodos de trabajo, también válidos, resultan menos claros al no ser habituales.

El balance energético es un tratamiento cada vez más corriente. Considera la energía que se transmite en una onda, se transfiere en un proceso térmico, o mediante un trabajo. Los sistemas evolucionan siguiendo máximos o mínimos de energía, o tendiendo hacia ellos. Así, los fenómenos físicos se resumen en transferencias de energía de un sistema a otro o en transformaciones de una manifestación energética en otra.

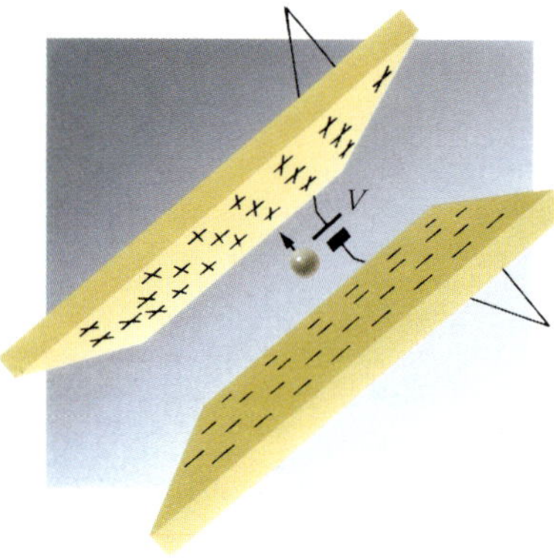

196
Un electronvolt (eV) es la energía adquirida por un electrón que se desplaza entre dos puntos cuya diferencia de potencial es de 1V. Se usa, así como sus múltiplos (MeV, GeV), para medir la energía y la masa de las partículas subatómicas.

Principios de conservación

En un sistema aislado, ciertas magnitudes se mantienen globalmente a lo largo de muchos fenómenos o en todos ellos. Decimos que se cumplen ciertos principios de conservación de dichas magnitudes. Así, la carga eléctrica se conserva en todos los fenómenos físicos, lo que constituye un principio fundamental de la electricidad.

En mecánica clásica existen tres principios de conservación: el de la masa, el de la energía y el del momento lineal o cantidad de movimiento, además de su equivalente en la mecánica rotacional, la conservación del momento angular. En mecánica relativista, Einstein tuvo que prescindir de dos de estos principios. Mantuvo la conservación de los momentos lineal y angular, y aceptó que la masa se transforma en energía y viceversa.

Al considerar la masa como una forma de energía, es válido el principio de conservación de la energía, o de la masa-energía. En mecánica cuántica se usan unidades de energía para medir la masa, la más habitual de las cuales es el electronvolt (eV) (fig. 196), que equivale a $1{,}6 \cdot 10^{-19}$J. Además, se ha establecido un sistema de unidades propio, adecuado al orden de magnitud de las propiedades a medir, al igualar a uno ciertas constantes muy corrientes (*h*, *c*).

La energía en el universo

El de la energía que existe en el universo, cuáles son las fuentes que podemos usar sin peligro de acabarla o de alterar gravemente el equilibrio natural y a un precio asequible, es uno de los problemas que más preocupa a la humanidad actualmente.

Al principio, el hombre empleó su propia energía muscular, así como la solar, ya directamente, o bien a través de «concentrados», como los alimentos vegetales, en los cuales la función clorofílica de las plantas acumula energía

197
La energía se transforma de unos tipos a otros. Así, la energía que llega del Sol se concentra en los vegetales gracias a la función clorofílica. De éstos pasa a los animales, en los que se puede utilizar como trabajo muscular, como calor, etc.

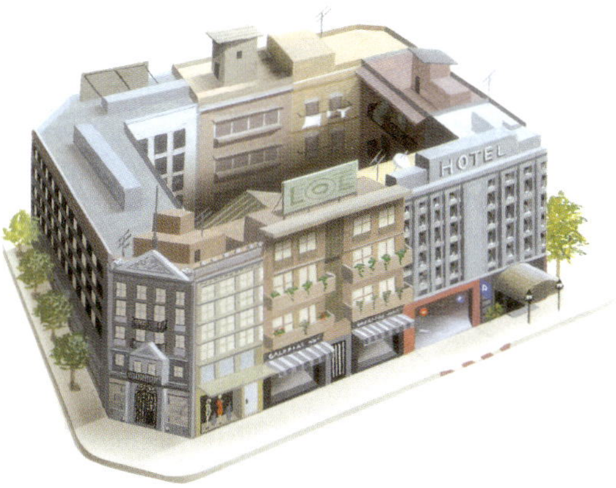

198
Al transformarse en calor 1 g de masa se podría calentar desde 0 hasta 100 °C el agua contenida en un depósito de las dimensiones de estos edificios.

procedente del Sol en forma de energía de enlaces químicos, o como los alimentos animales, procedentes, en último término, de vegetales (fig. 197).

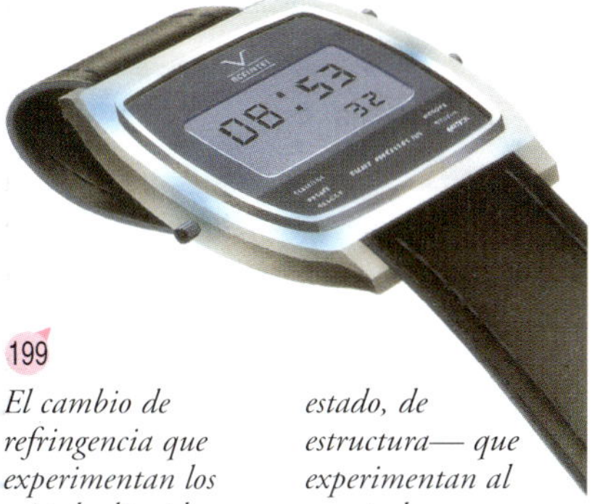

199
El cambio de refringencia que experimentan los cristales líquidos es debido a un cambio de fase —de estado, de estructura— que experimentan al someterlos a un potencial eléctrico adecuado.

200
El estado de superconducción aparece en algunos cuerpos al variar sus propiedades eléctricas (R = 0) y magnéticas a una temperatura propia de cada sustancia. Gracias a él se produce esta levitación.

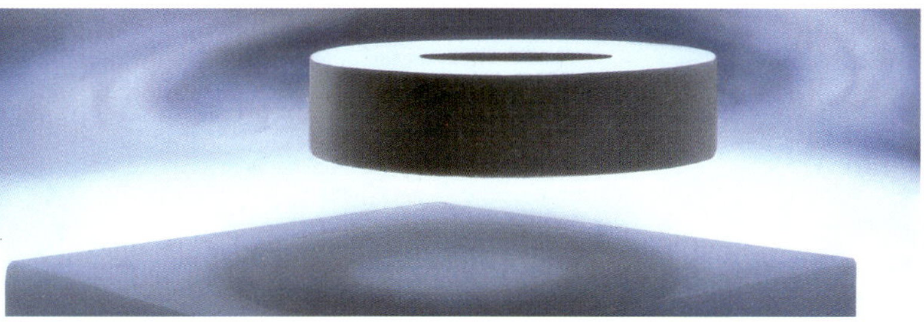

Más adelante usó la energía muscular de los animales y otros concentrados de energía solar, fueran contemporáneos —hidráulica, eólica, mareomotriz— o fósiles —carbón, petróleo, gas natural.

La energía solar procede de la masa que desaparece en la fusión nuclear de átomos en el Sol, de acuerdo con la ecuación relativista. Esta energía es altísima: con un gramo que desaparezca se podría calentar de 0 a 100 °C el agua contenida en un depósito de base cuadrada de 100 m de lado y más de 20 m de altura (fig. 198). La gran esperanza consiste en conseguir un uso rentable de esta energía, por ser los átomos fusionables muy abundantes en la naturaleza.

Este proceso es inverso del que se supone sucedió en los instantes iniciales del universo, cuando la gran acumulación de energía existente produjo parte de la masa que lo forma. En aquellos instantes del *big bang* las condiciones eran muy distintas a las actuales y podían existir las partículas y las interacciones de formas muy diferentes: quarks libres, y una única interacción.

Estados de la materia

Para que se produzca la fusión nuclear, los núcleos se deben aproximar mucho, con lo que la materia está en forma no habitual: en las estrellas, los núcleos carecen de envoltura electrónica. Este estado —plasma—, y el de los instantes iniciales del universo, son distintos de los tradicionales: sólido, líquido y gaseoso.

Es mejor hablar de fases en vez de estados. La distribución de los átomos es semejante en un vidrio y en un líquido. Y el paso de sólido a líquido es similar al del paso de una forma de cristalización del azufre a otra. El barro, la plastilina, ¿son sólidos o líquidos? Así, existen multitud de nuevos estados o fases, como el de los cristales líquidos (fig. 199).

Un estado del que se espera mucho es el de superconductividad, en el cual los conductores presentan resistencia eléctrica nula. Inicialmente, los superconductores eran metales a temperaturas próximas al cero absoluto, en los cuales la resistencia se anula por la brusca desaparición de la agitación térmica de los núcleos cuando aún hay electrones desligados del átomo —en la banda de conducción—. La aparición de los superconductores cerámicos a temperaturas elevadas (unos 100 K) ha complicado el problema, al mismo tiempo que ha abierto la esperanza de que su uso haga posible un mayor aprovechamiento energético (fig. 200).

Conclusión

El panorama de las ciencias físicas que hemos esbozado es un resumen de los resultados de innumerables esfuerzos realizados hasta el momento para comprender mejor la materia y la energía. Muchas teorías van siendo sustituidas por otras más amplias, que las engloban y las mejoran. Los avances para aproximarse a la realidad que nos circunda no acaban aquí.

ÍNDICE

GENERALIDADES

MECÁNICA

TERMOLOGÍA

ELECTRICIDAD Y MAGNETISMO

FENÓMENOS ONDULATORIOS

ESTRUCTURA DE LA MATERIA